禽畜高效规范养殖丛书

肉鸡疾病临床诊治与规范用药

谷风柱　李克鑫　刘晓曦◎主编

山东科学技术出版社
·济南·

图书在版编目（CIP）数据

肉鸡疾病临床诊治与规范用药 / 谷风柱，李克鑫，刘晓曦主编 . —济南：山东科学技术出版社，2021.3（2022.9 重印）

（畜禽高效规范养殖丛书）

ISBN 978-7-5723-0842-0

Ⅰ. ①肉… Ⅱ. ①谷… ②李… ③刘… Ⅲ. ①鸡病－诊疗 ②鸡病－用药法 Ⅳ. ① S858.31

中国版本图书馆 CIP 数据核字 (2021) 第 027699 号

肉鸡疾病临床诊治与规范用药

ROUJI JIBING LINCHUANG ZHENZHI YU GUIFAN YONGYAO

责任编辑：于　军

装帧设计：孙非羽

主管单位：山东出版传媒股份有限公司

出 版 者：山东科学技术出版社

地址：济南市市中区舜耕路 517 号

邮编：250003　电话：（0531）82098088

网址：www.lkj.com.cn

电子邮件：sdkj@sdcbcm.com

发 行 者：山东科学技术出版社

地址：济南市市中区舜耕路 517 号

邮编：250003　电话：（0531）82098067

印 刷 者：济南麦奇印务有限公司

地址：济南市历城区工业北路 72-17 号

邮编：250101　电话：（0531）88904506

规格：16 开（170 mm × 240 mm）

印张：8.5　**字数：**143 千　**印数：**5001~7000

版次：2021 年 3 月第 1 版　**印次：**2022 年 9 月第 2 次印刷

定价：45.00 元

《肉鸡疾病临床诊治与规范用药》

主　　编　谷风柱　李克鑫　刘晓曦

副 主 编　丁庆华　张西雷　崔智慧　陈学龙
　　　　　袁晓辉　魏秀国　马晓军

编　　者　（按姓氏笔画排序）

于静静　王　丹　王冬雁　王芝荣
王振峰　王德鸿　卢岩川　邢　义
刘书兰　刘世杰　刘丙艳　刘华庆
孙建华　李　利　李　昊　李开凯
李申华　李芳瑞　李克钦　李国保
李育明　肖　宁　何明海　佟庆东
谷文田　张　平　张荣花　张顺萍
陈　斌　屈道起　赵　斌　徐京生
郭　宽　韩文选　甄韵豪　蔺西才
颜井柱　潘云鑫　薛明天

目前我国年出栏肉鸡（包括白羽肉鸡、黄羽肉鸡及杂交肉鸡）已超过100亿只，特别是白羽肉鸡已基本形成饲养规模集团化，标准化管理水平已经很高。但是，鸡病仍是困扰肉鸡养殖业的一大难题：H9流感时有发生，新城疫不断出现；传染性支气管炎病毒多有变异，传染性喉气管炎新近发生；腺肌胃炎普遍蔓延，腺病毒感染严重；呼吸道病治疗棘手，滑膜炎成了防治难题等。鸡病的混合感染、免疫抑制，加之霉菌及霉菌毒素感染，经常导致兽医不能做出明确诊断和精准用药。为了提高广大兽医的诊治水平和规范鸡病用药，我们组织编写了《肉鸡疾病临床诊治与规范用药》。

该书是我们团队数十位临床一线专家的集体结晶，揭示了鸡病临床典型症状和剖检典型病变，组合了最佳防治方案，提出了新的治疗理念，规范了鸡病临床用药。书中共介绍鸡病34个，图片近500幅，这些图片均来自于教学、科研、临床生产第一线，充分还原了鸡病真实状态和病情严重程度，使兽医犹如身临其境，有助于正确诊断鸡病。本书针对鸡病毒病、细菌病、寄生虫病和普通病，介绍了每种鸡病的病因与流行、临床症状与病变、诊断要点与规范用药等，有些诊疗观点较为新颖。

由于我们水平有限，书中难免有疏漏之处，敬请各位专家批评指正。

编者

（抖音号：老兽医—谷风柱 1800482225）

目录

第一章
病毒性疾病

一、禽流感

禽流感是鸟、禽的一种急性、烈性、高度致死性、病毒性传染病，国际兽疫局定为甲类传染病。目前禽流感疫情在不少国家和地区仍有发生，而且还不断扩散。该病病死率和淘汰率很高，给整个肉鸡饲养行业带来较大损失和威胁。我国目前普遍实行的是疫苗防疫政策，但由于地域辽阔、禽饲养分散，禽流感特别是 H9 流感仍时有发生。

【病原及传播途径】禽流感病毒属于正黏病毒属，为小颗粒球形病毒。病毒的表层有血凝素（HA）和神经氨酸酶（NA）两种物质，具有亚型的多变性。如果两种以上不同亚型毒株混合感染，则易发生基因的交换和重组，这时病毒就会发生变异。

高致病性禽流感病毒多为 H5N1、H5N2、H5N6、H5N8、H7N9 等亚型，且有若干种变异毒株。由于病毒多变异，导致 A 型禽流感反复发生，难以彻底根除。

低致病性禽流感病毒毒株多为 H9N2 和 H7N9。原来总认为 H9 病毒是弱毒，只带毒不发病，但病毒经几次变异后，致病性和致死性都有明显增强，易造成家禽的免疫抑制。

野鸟带毒、冬春多发、病鸡扩散、应激促发，特别是冷应激极易发生呼吸型和肾病型低致病性疾病。河北张双良先生“一闷一闪，必得流感”一语，道出了温度恒定的重要性和温差过大的危害性。H9 流感是否有垂直传播趋向，专家们正在密切关注。

【临床症状】

（1）强毒型：鸡群突然发病，传播迅速，常常不表现症状就大批死亡。病程稍长的鸡，出现精神沉郁，废食，羽毛松乱，头颈下垂，鸡冠和肉垂发

肉种鸡精神沉郁，冠髯发紫，眼炎

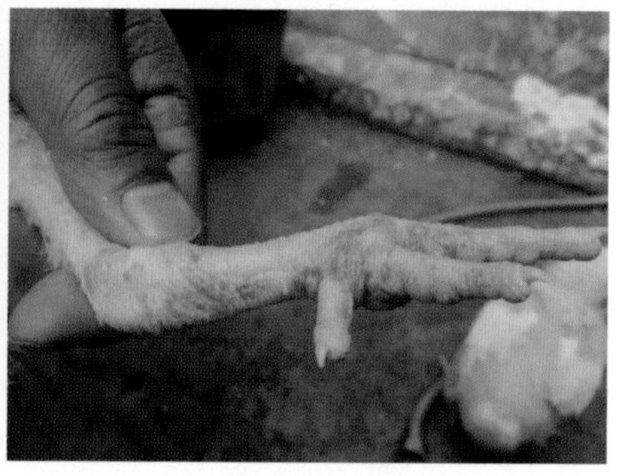
脚鳞斑状出血

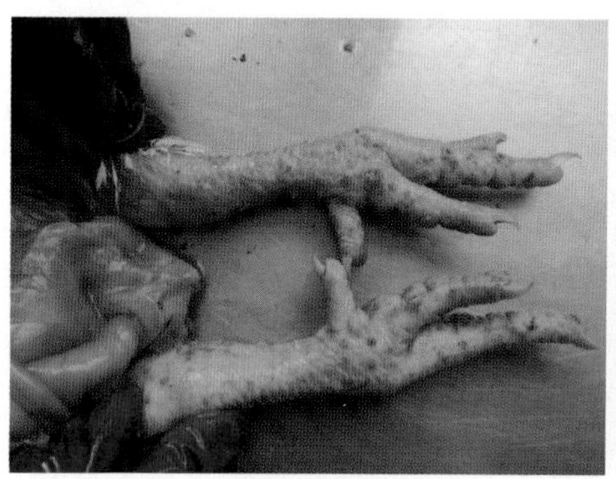
脚鳞点状出血

脚鳞重度出血

大群肉鸡死亡率升高

肉鸡流浆液性鼻液

黑或高度水肿。腿部鳞片出血变紫非常严重；有些鸡可出现扭颈、抽搐、惊厥和瘫痪等神经症状。

（2）弱毒型：以呼吸道症状为主。临床表现流鼻流泪、眼角拉长、眼睑肿胀、肿头肿窦、呼噜吭哧、咔咔甩鼻、高声怪叫、沉郁衰竭；脚鳞有的轻微变紫；排水样粪便，呈黄绿色。如有其他并发症时，死亡率明显增高。

肉鸡眼角拉长，眼睑肿胀，眶下窦肿胀

黄羽肉鸡眼睑肿胀，眼角拉长

黄羽肉鸡眼睑肿胀，流泪

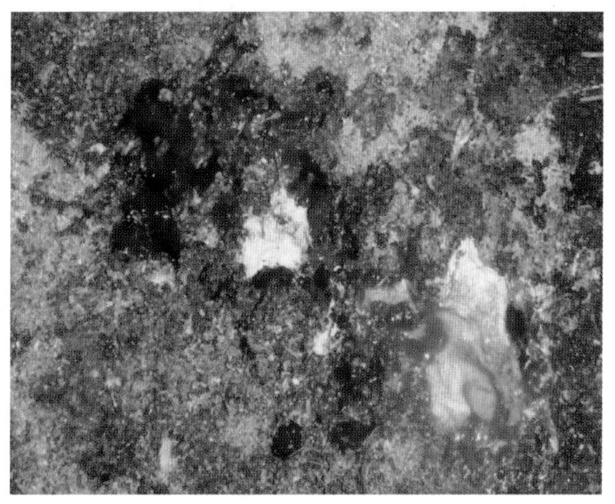
严重下痢，粪便呈黄绿色

【病理变化】

（1）最急性死亡：仅在内脏浆膜面和心冠心肌上见到出血点。

（2）急性发病鸡：头部肿大，头部皮下胶冻样浸润与出血；嗉囊溃疡；心内膜、心外膜点状出血或有灰黄色的坏死灶；腺胃乳头出血，腺胃与肌胃

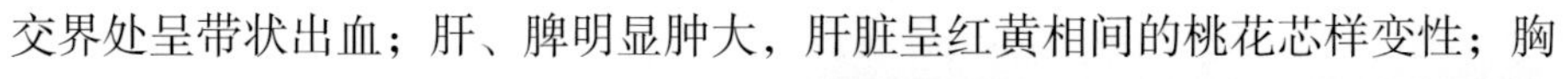
交界处呈带状出血；肝、脾明显肿大，肝脏呈红黄相间的桃花芯样变性；胸腺出血；腺胃黏膜、十二指肠、盲肠扁桃腺及泄殖腔有条状出血或斑块状出血；睾丸出血；腿肌及脏器脂肪都有出血带或出血点。

气囊炎症、支气管堵塞，严重的为出血性、坏死性肺炎。本病易继发大肠杆菌病和肾脏病变。

肉鸡头部皮下黄色胶冻样浸润

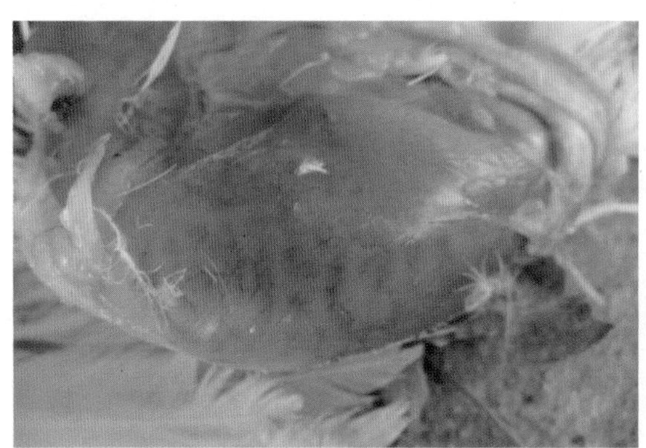
肉鸡腿肌规则条纹状出血

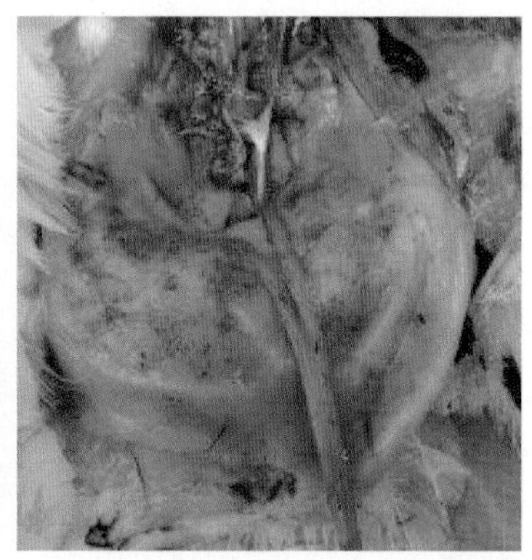
腹部脂肪有明显出血点

肌胃脂肪有大量出血点

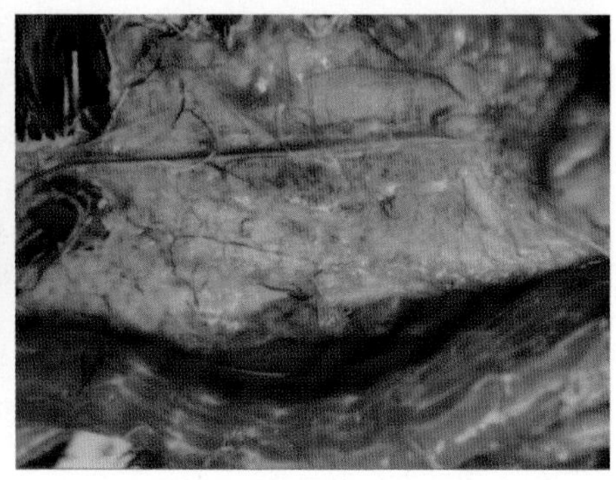
黄羽肉鸡胸腺出血

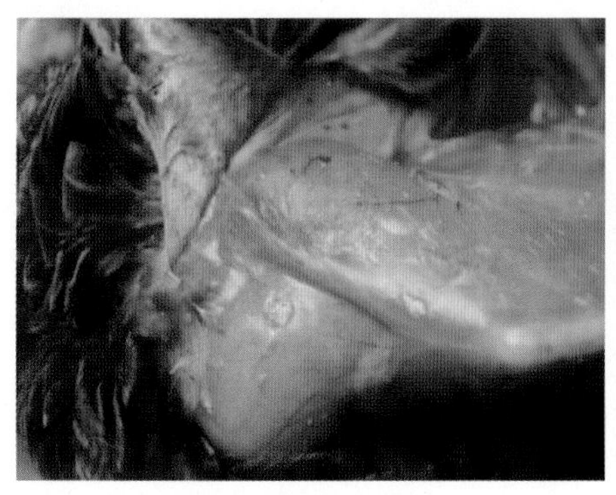

黄羽肉鸡嗉囊有溃疡灶

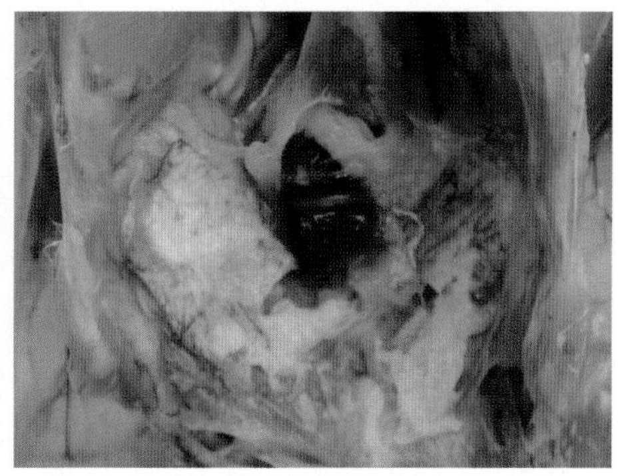

肉鸡胸气囊炎

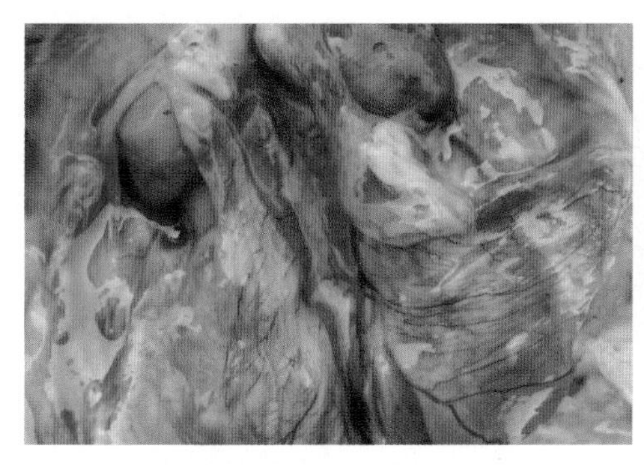

肉鸡腹气囊炎，睾丸出血

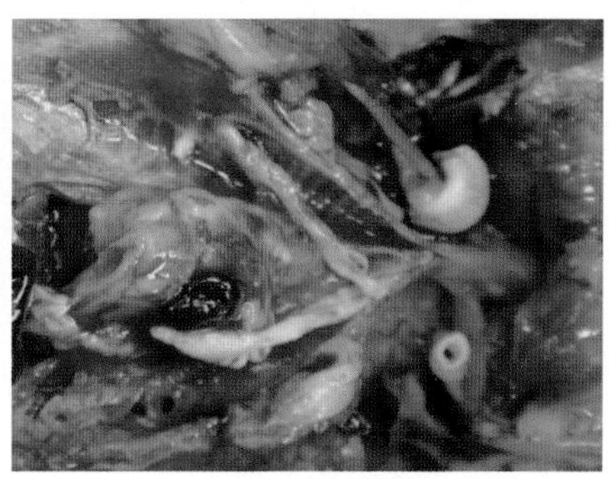

肉鸡支气管堵塞

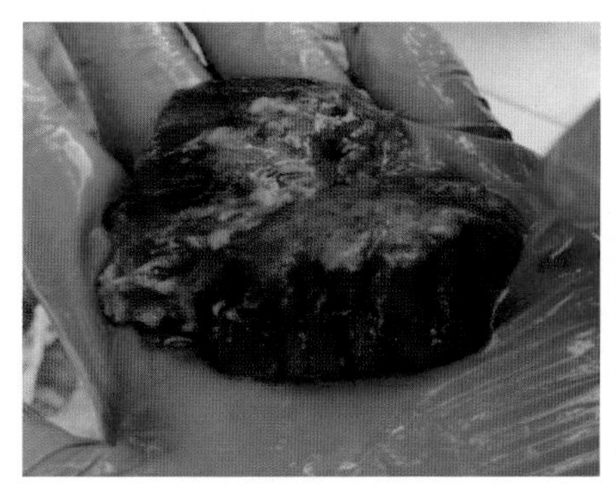

出血性坏死性肺炎

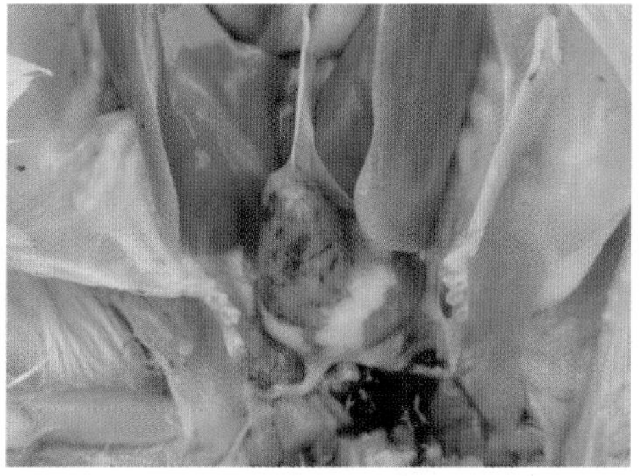

心肌外膜严重出血

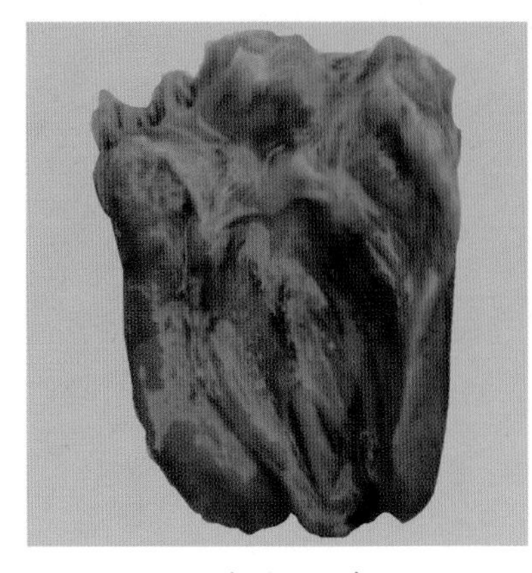

心肌内膜明显出血

肝脏肿胀黄染，桃花芯样病变

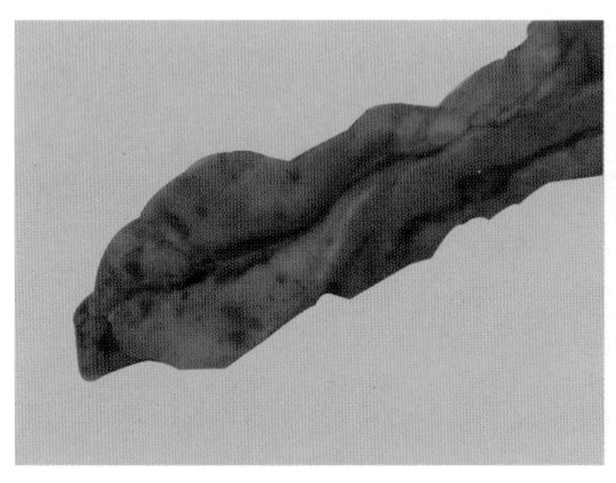

强毒感染：胰腺体出血

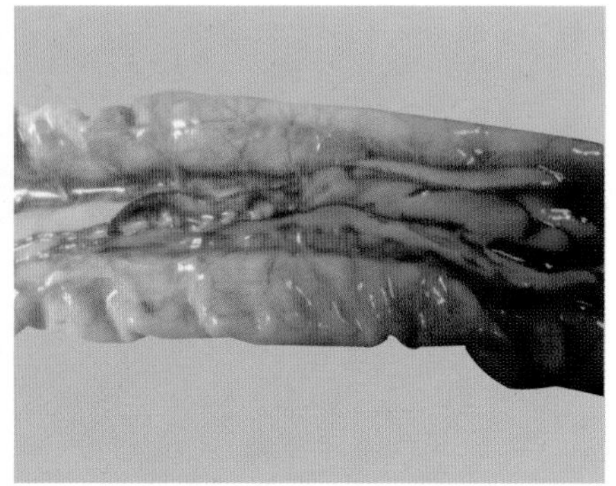

弱毒感染：胰腺边缘出血

脾脏出血

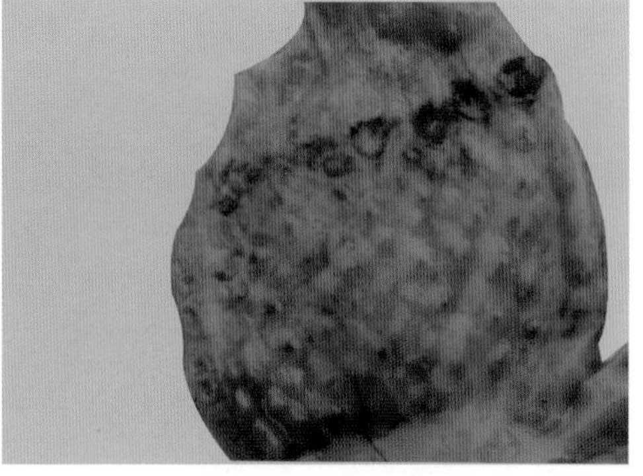

食道与腺胃间的出血带

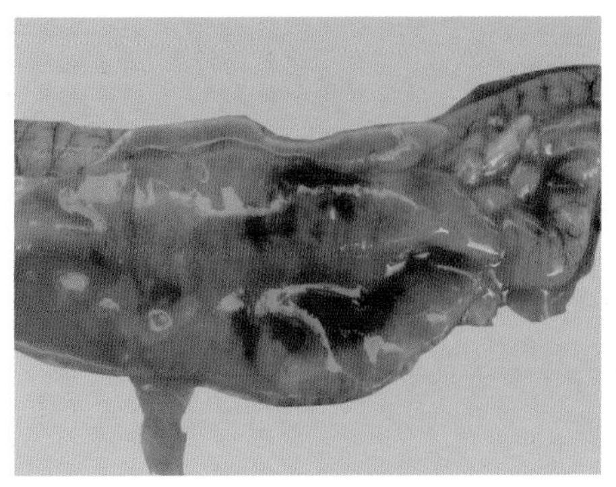
十二指肠黏膜出血斑

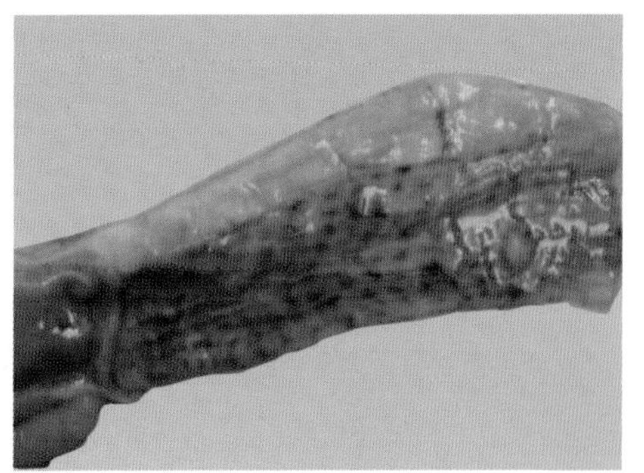
直肠黏膜条状出血

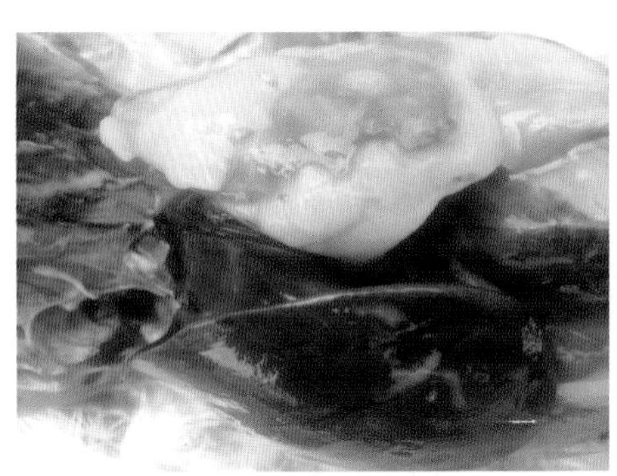
易继发大肠杆菌病

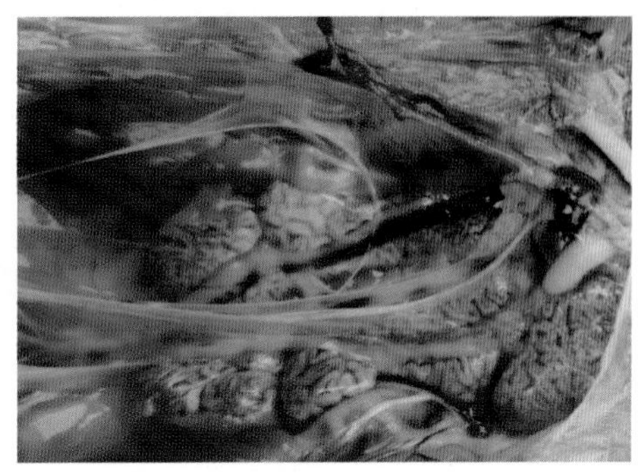
易继发肾脏病变

【诊断要点】依据流行特点、临床症状和剖检病变做出初步判断。确诊需做病毒分离和鉴定。

高致病性禽流感及其毒株变异，以国家标准实验室检测发布为准。

【防控措施】

（1）对本病做好严格的检疫、监控工作。

（2）加强生物安全措施，杜绝畜禽混养、水禽混养，避免与野生鸟类接触，严格消毒制度等。

（3）加强通风管理；严格按照免疫程序，做好禽流感疫苗接种工作。

H9 流感疫苗：商品肉鸡多在 10 日龄前注射一次即可。

H5 流感疫苗：肉种鸡、黄羽肉鸡要在 20 日龄、50 日龄、110 日龄多次免疫；开产后的肉种鸡群，应每隔 3~4 个月注射一次。

【规范用药】发生高致病性禽流感时，按照国家规定严格处理。

（1）发生温和性禽流感时，要严密封锁，彻底消毒。必要时，应用提高和平衡鸡群免疫力的药物，如中药类、微生态类、酶制剂、酸化剂等，适当使用抗生素，防止细菌继发感染。

（2）对气囊病变严重的鸡群，要有针对性地使用抗病毒药+气囊炎药物，临床效果极佳。鸡的正常气囊为菲薄透明，毛细血管则分布其周边。整个气囊靠外围毛细血管的弥散、扩散和渗透供给营养。其病变主要在胸气囊，有气囊浑浊、气囊增厚、气囊毛细血管增生和气囊干酪样物形成4个阶段。气囊增生血管和干酪样物形成，则使气囊功能丧失。因此，气囊炎的治疗有两点需要说明：一是一定要在气囊炎症的浑浊和增厚阶段加以控制；二是要在控制气囊炎症药物中加入相应的细胞穿入引导剂，使其引导药物快速进入气囊而生效。

（3）对并发支气管堵塞的病例，要应用抗病毒药+溶栓药物，临床效果显著。发生支气管堵塞的鸡群空气干燥是诱因，因此，治疗时应考虑鸡舍加湿的问题；药物组成应以制止渗出，促进吸收，抗菌消炎，快速恢复呼吸功能为主。

（4）对并发肺坏死的病例，要在抗病毒的同时，专门添加作用于肺深部炎症的药物，促进心肺循环复苏。

（5）抗病毒中药：早期以解表散寒为主；中后期以清瘟解毒、清热凉血为主。

（6）生物保健制品：根据临床特征选用生物保健制品，大群治疗。

（7）对继发大肠杆菌病的鸡群，除抗流感外，分别应用有针对性的敏感抗生素、解除毒素药物、制止渗出和保肝药物。

（8）对继发肾脏病变的鸡群，除抗流感外，要注重肾脏保护和尿酸盐的排出。因流感继发的肾病多是低温受凉所致，所以要做到“消炎解肾肿、排盐不腹泻”。

在临床上应用强力霉素、林可霉素及其他抗生素时，一定要严格执行休药期。

二、新城疫

鸡新城疫是由禽副黏病毒型新城疫病毒引起的，一种高度接触性、急性、烈性传染病，常呈现败血症经过。我国20世纪30年代就有新城疫发生，50年代在全国广泛流行，现在我国虽已普遍施行了免疫接种、监测和综合防制措施，但发病率仍很高。目前，在大中型肉鸡养殖场鸡群有一定免疫力的情况下，新城疫主要是非典型发病，特别是饲养后期的中大肉鸡时有发生，应引起高度重视。

【病原及传播途径】病原为副黏病毒科副黏病毒属的禽副黏病毒Ⅰ型。病毒存在于病鸡的所有组织器官、体液、分泌物和排泄物中，感染初期鸡分泌物和排泄物中就会有病毒。

病鸡和带毒鸡是主要传染源，鸟类也是重要的传播者；主要经消化道和呼吸道传播，也可经损伤的皮肤、黏膜侵入体内；一年四季均可发生，冬春季以呼吸道症状为主，夏秋季以肠道症状为主。

【临床症状】临床以呼吸道和消化道症状为主。

（1）典型败血型：鸡突然发病死亡。鸡冠和肉髯发紫，精神委顿，呈昏睡状，体温升高达44℃，食欲废绝；多出现甩头，呼吸困难，发出“咯咯”声；嗉囊内积有液体和气体，口腔内有黏液，倒提病鸡，可见从口中流出酸臭液体；粪便稀薄恶臭，呈绿色或黄绿色。一般2~5天发病率和死亡率可达90%以上。后期可见病鸡有转圈、扭颈、仰头等神经症状。

（2）典型神经型：腿、翅麻痹，运动失调，头向后仰，转圈，扭脖，头颈向一侧弯曲等，在应激状态下可急性发作。

（3）非典型新城疫：具备一定免疫水平的鸡群又遭受强毒攻击而发生的一种特殊病型。多发于30日龄后的中大鸡，大群鸡采食量减少。病鸡精神沉郁、羽毛蓬松、粪便稀绿，不断死亡。

肉鸡冠髯发紫

黄羽肉鸡冠髯黑紫色

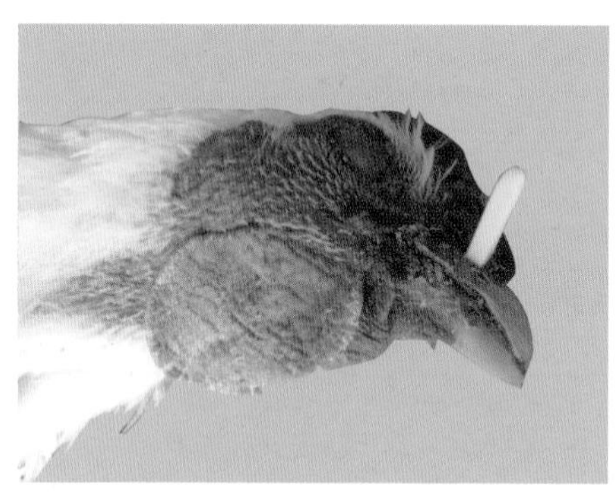
肉种鸡冠髯头部发紫

大群鸡精神萎靡，羽毛蓬松

神经症状多发

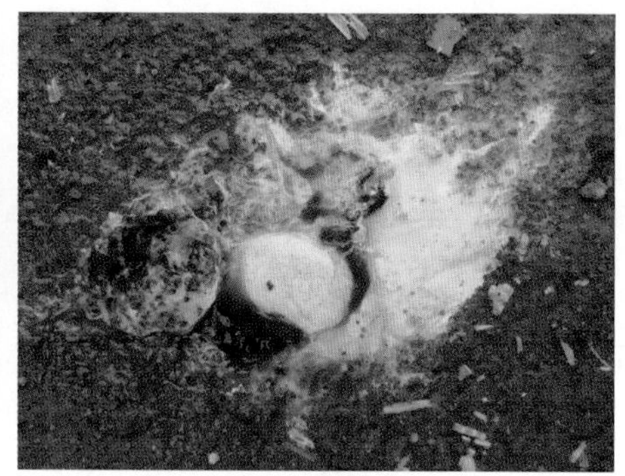
大群鸡排草绿色粪便

【病理变化】

（1）典型新城疫：多黏膜和浆膜出血。特别是喉头、气管黏膜出血；心冠脂肪出血；腺胃乳头、小肠及直肠黏膜出血。

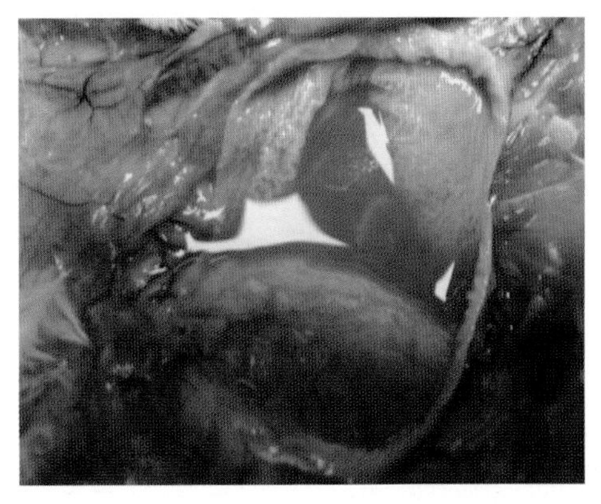
嗉囊积液，倒提鸡只可从口腔流出黄绿色液体

消化道淋巴滤泡丛肿大、出血和溃疡，是新城疫的一个突出特征。

消化道出血病变主要分布于：腺胃前部—食道移行部；腺胃后部—肌胃移行部；十二指肠、小肠各部；回肠中部（两盲肠夹合

气管黏膜弥漫性出血

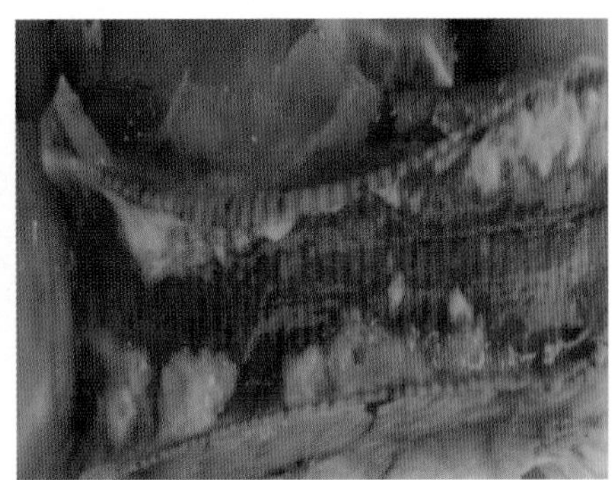
气管出血且有黏液

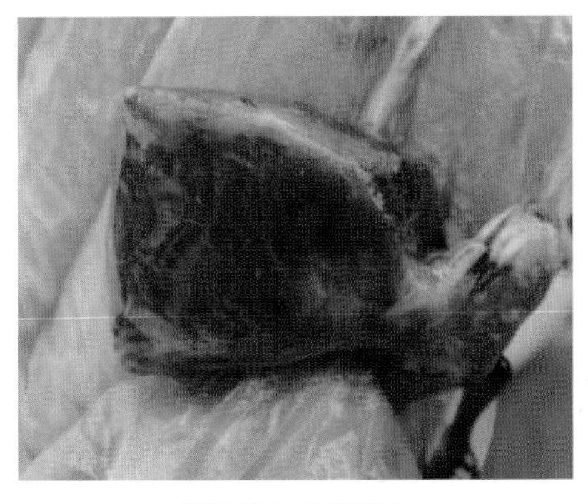
肺脏出血呈黑紫色

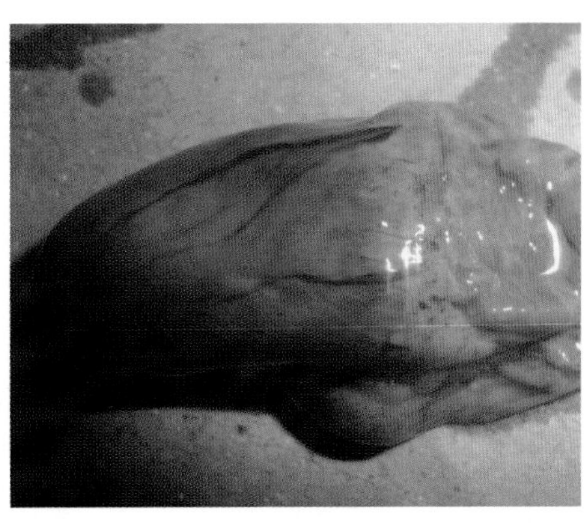
心冠脂肪出血

部）；盲肠扁桃体枣核样隆起、出血、坏死。多见嗉囊积液。最具诊断意义的是十二指肠黏膜、卵黄蒂前后的淋巴滤泡丛、盲肠扁桃体、回直肠黏膜等部位的出血灶。

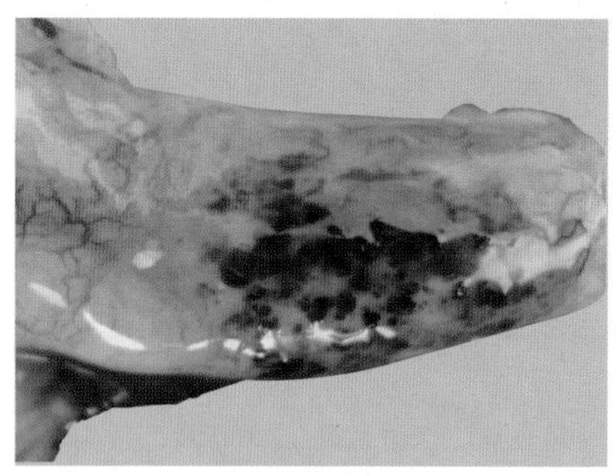

腺胃浆膜层出血

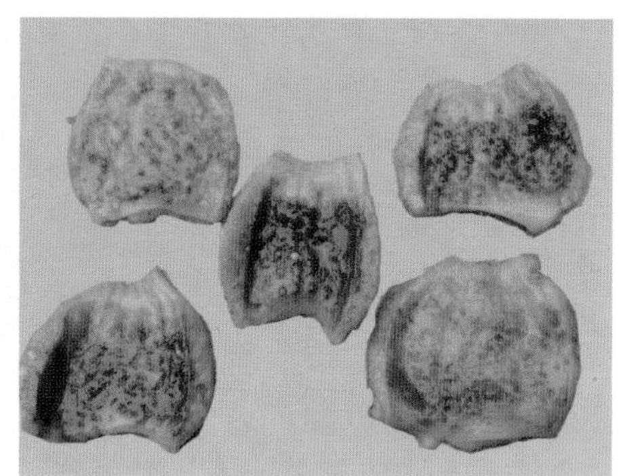

腺胃乳头出血

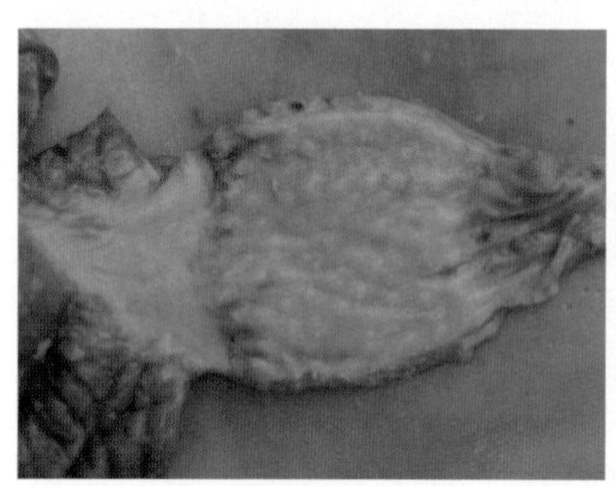

腺胃与肌胃之间有出血带

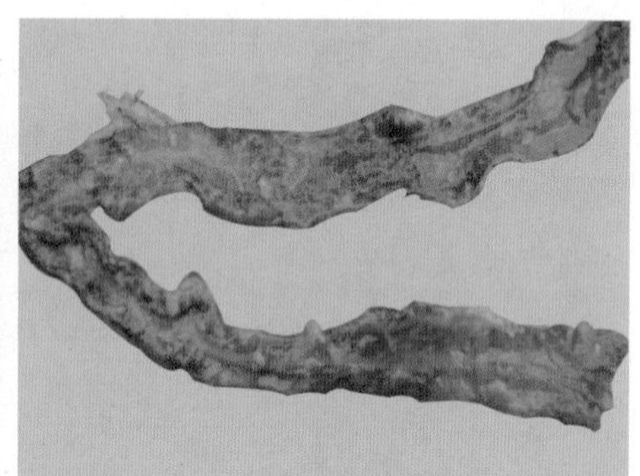

肠道黏膜弥漫性出血

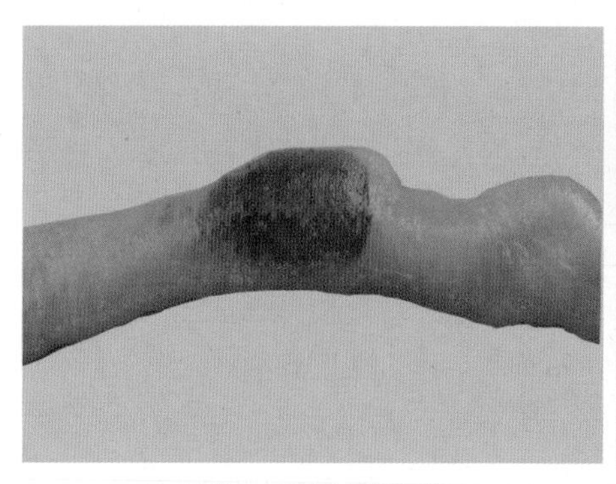

肠道淋巴滤泡丛肿胀出血

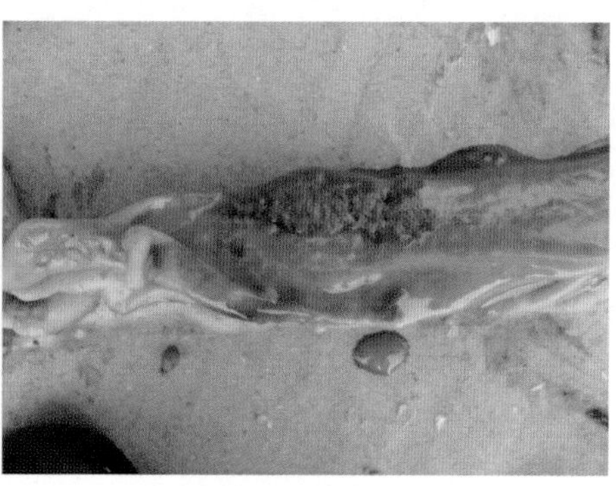

肠道淋巴滤泡丛溃疡坏死

肉种鸡会出现卵泡出血、坏死、破裂，导致卵黄性腹膜炎。

（2）非典型新城疫：气管轻度充血，有少量黏液，但肠道淋巴滤泡丛肿胀和出血。少见腺胃乳头出血等典型病变。

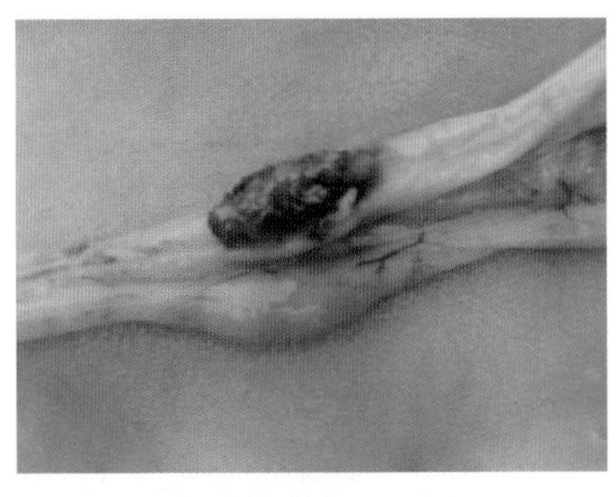

盲肠扁桃体出血、坏死

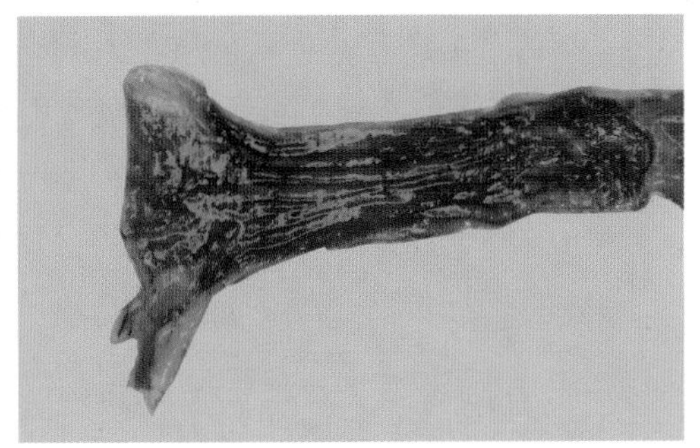

直肠黏膜弥漫性出血

肉种鸡卵泡充血、淤血、液化

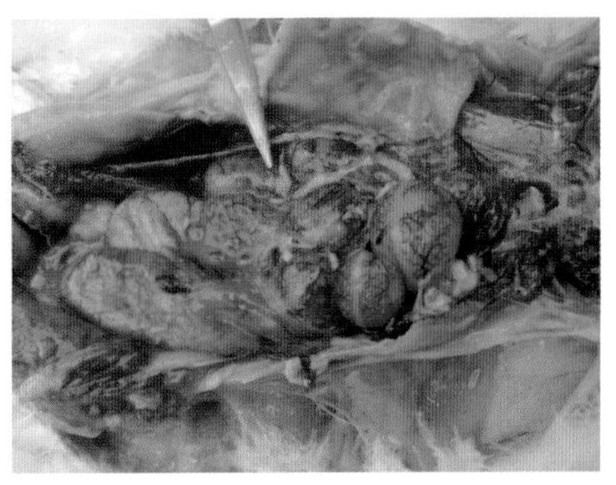

肉种鸡卵泡充血、淤血、继发腹膜炎

【诊断要点】

（1）临床特征：冠髯发紫，羽毛蓬松，呼吸困难，绿色稀粪。

（2）病理变化：腺胃乳头及淋巴滤泡丛肿胀、出血、坏死和溃疡。

【防控措施】

1. 预防

（1）正常接种疫苗，冻干活苗和灭活油苗联合应用。

（2）严格防疫消毒制度，杜绝强毒侵染。

（3）坚持定期的免疫监测，随时调整免疫计划，使鸡群始终保持较高的抗体水平。

2. 规范用药

（1）一旦发生非典型新城疫，应立即隔离病鸡，全群紧急接种 3 倍剂量的 La Sota（Ⅳ系）活毒疫苗，必要时也可考虑注射Ⅰ系活毒疫苗。如果同时应用 3 倍量Ⅳ系活苗与新城疫油乳剂灭活苗，效果更好。

（2）对发病鸡群同时应用抗病毒中药和小肽制剂，配合抗生素，同时饮用电解多维水，可增加免疫力，控制继发细菌感染。

（3）抗生素选择以控制败血症为主的头孢类更好。

（4）疫苗选择：最常用鸡新城疫Ⅰ系、Ⅳ系（La Sota）活疫苗和油乳灭活疫苗。

①Ⅰ系苗：中等毒力的冻干活苗，产生免疫力快（3~4 天），免疫期长，可达半年。常用于免疫过弱毒疫苗的鸡或 2 月龄以上鸡群，多采用肌注接种。

②Ⅳ系苗（La Sota）：弱毒冻干活苗，多为基因Ⅶ型。Ⅳ系苗还包括克隆—30、N79 等。在大型鸡场多采用气雾和饮水免疫；小型鸡场仍采用滴鼻和饮水免疫，应用非常广泛。另有Ⅳ系油苗，多与 H9 联苗，油苗产生抗体稍慢，但抗体水平稳定且持久。

（5）推荐新城疫免疫程序：

① 7 日龄：Ⅳ系苗滴鼻点眼，同时新城疫灭活苗 0.3 mL 肌肉注射。

② 21 日龄：Ⅳ系苗喷雾免疫或 2 倍量饮水。

③ 9 周龄：Ⅳ系苗喷雾或饮水免疫，同时用Ⅰ系苗注射补强（黄羽肉鸡）。

④黄羽肉鸡根据出栏时间，每隔 50 天用Ⅳ系苗饮水一次。

（6）正常防疫或紧急接种疫苗，都不是剂量越大越好，要掌握适度。

三、传染性支气管炎

肉鸡传染性支气管炎是由传染性支气管炎病毒引起的一种急性、高度接触性、呼吸道传染病。临诊特征是呼吸困难，发出啰音，咳嗽，张口呼吸及打喷嚏。如果无肾型毒株感染时死亡率很低，支气管堵塞或混合感染时死亡率就会增高。

【病原及传播途径】传染性支气管炎病毒为冠状病毒科冠状病毒属。本病毒对环境抵抗力不强，对普通消毒药敏感。该病毒具有很强的变异性，目前已分离出 30 多个血清型，在这些毒株中多数能使气管产生病变，但近年来发现有些毒株能引起肾脏和种鸡生殖系统的病变。

本病主要通过空气传播，或通过饲料、饮水、垫料等传播；饲养密度过大、过热过冷、通风不良等可诱发本病；感染无明显的品种差异，各日龄鸡都易感，肉鸡早的 9 日龄始发；已无明显季节性；在疫苗接种、转群时可诱发该病；本病传播迅速，常在 1~2 天波及全群。

肉种鸡雏 1 日龄感染时输卵管发生永久性损伤，长大后不能产蛋。

【临床症状】肉雏鸡感染，几乎全群同时发病。最初表现咳嗽、打喷嚏、伸颈张口喘气；夜间听到明显呼噜声；继而变为“咔咔”“吭哧”声，有喘鸣音，甩头。

鸡发生支气管阻塞时，发出尖声怪叫而死亡。

肉种鸡表现呼吸困难、咳嗽、气管啰音，有“呼噜”声，夜间更加明显；排黄色稀粪；发病第 2 天产蛋率即开始下降，1~2 周下降到最低点；产软蛋和畸形蛋，蛋清变稀，种蛋孵化率降低。产蛋率回升较慢。

肾型毒株感染时，除有轻微呼吸道症状外，还可引起排水样白色或绿色粪便，并含有大量尿酸盐。病鸡失水、虚弱、嗜睡，鸡冠呈紫蓝色；病程稍长，

肉鸡喘鸣，伸脖，呼吸困难

肉种鸡呼吸困难，喘鸣声明显

死亡率也高。

病鸡生殖型毒株感染时，呈企鹅样直立行走，腹部胀满，呈水样波动。

【病理变化】

（1）呼吸型传染性支气管炎：主要病变在气管和支气管内，可见有黄色半透明的浆液性、黏液性渗出物，病程稍长变为干酪样物质并形成栓子。

（2）肾型传染性支气管炎：呼吸器官病变不是很明显，主要病变在肾脏。肾脏表面沉积尿酸盐；肾脏肿大、出血、苍白；肾小管内因尿酸盐沉积而扩张，呈花斑肾；输尿管尿酸盐沉积而变粗。心、肝表面有沉积的尿酸盐。

（3）生殖型传染性支气管炎：种鸡卵泡充血、出血或变形；有的输卵管大量积液，致使腹部胀满；有的输卵管短粗、肥厚，局部充血、坏死，内

气管弥漫性出血，有黏液

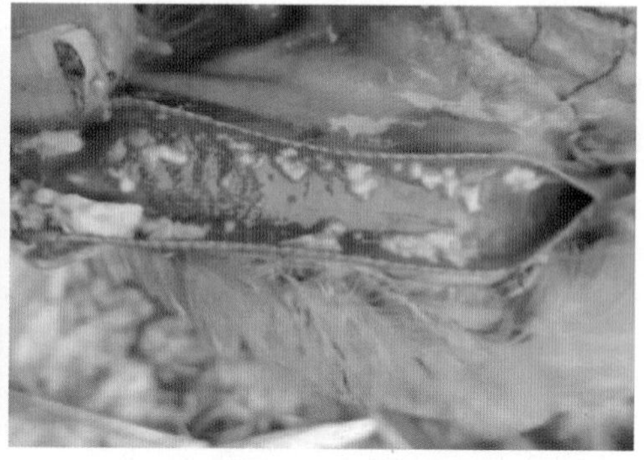

黄羽鸡气管有黏液和干酪样物

气管有硬固干酪样物，呈卷状

肉鸡单侧支气管堵塞

有大量无蛋壳的蛋黄和蛋清积存。雏鸡感染本病则输卵管损害是永久性的，长大后不能产蛋，俗称“假母鸡”。

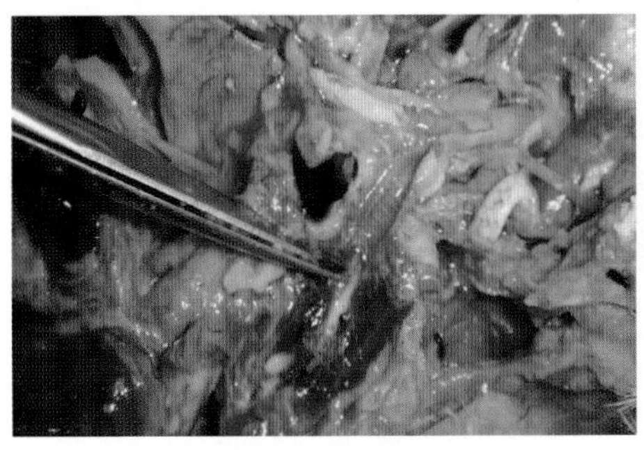

双侧支气管堵塞

黄鸡肾型传染性支气管炎：肾脏肿，肾出血，尿酸盐沉积，呈花斑肾

肉鸡肾型传染性支气管炎：肾脏病变严重，但肺脏鲜红

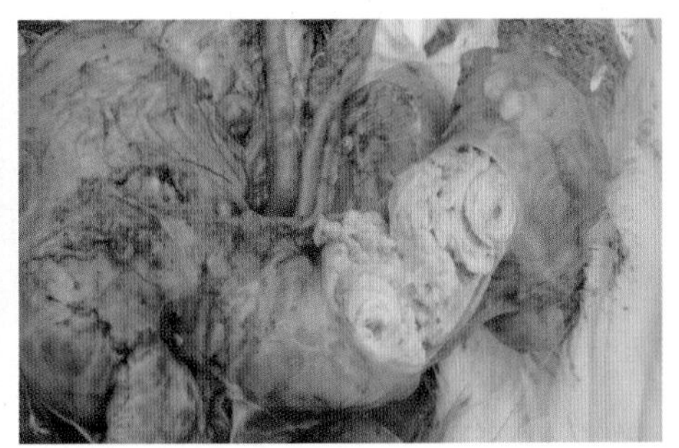

肉种鸡输卵管内无皮蛋蓄积

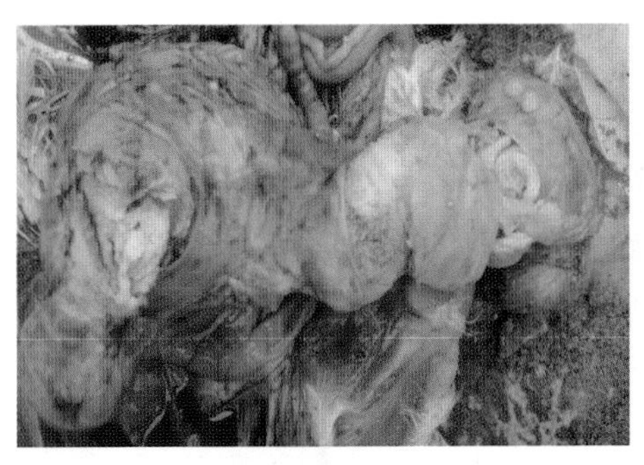

肉种鸡生殖型传染性支气管炎：输卵管内有无皮蛋

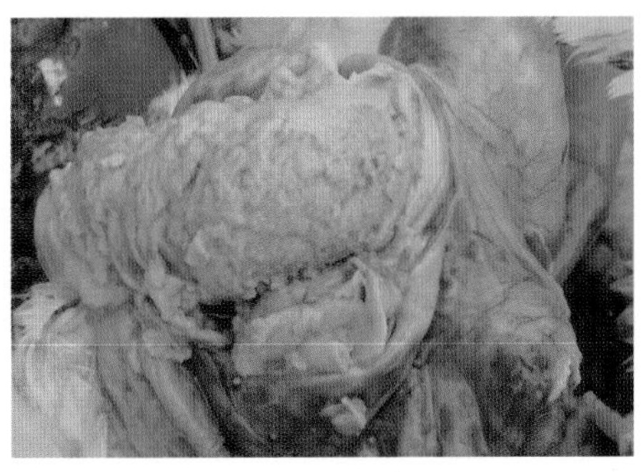

肉种鸡生殖型传染性支气管炎：输卵管内大量无皮蛋蓄积

【诊断要点】

（1）临床特征：突然发病，快速传播，呼吸困难，高声鸣叫。

（2）剖检变化：气管出血，有渗出物，肾脏病变，生殖器官畸形。

【防控措施】

（1）疫苗接种：弱毒疫苗接种预防传染性支气管炎效果较好而且疫苗用的越早越好。

①呼吸型传染性支气管炎：目前应用较为广泛的是 H120 株、H52 株。H120 对 14 日龄雏鸡安全有效，免疫 3 周保护率达 90%；H52 株对 5 周龄以上的鸡是安全的。常用程序为 H120 株于 7 日龄点眼滴鼻，同时用油苗注射；H52 株于 30~45 日龄接种。H120 株多与新城疫毒株制成二联苗。

雏鸡可以在出壳后，即喷雾免疫。

②肾型和生殖型传染性支气管炎：由于毒株变异，单防呼吸型传染性支气管炎疫苗临床效果不好，因此，要与肾型 491 株和生殖型 286 株联合应用。目前已有呼吸型、肾型、生殖型制成的传染性支气管炎三价弱毒苗应用于生产。肾型传染性支气管炎 QX 株应用广泛。

【规范用药】对鸡舍、大群鸡和环境严格消毒。

（1）呼吸型传染性支气管炎：

①抗病毒中药、小肽制剂等。

②适量抗生素饮水，如强力霉素、林可霉素、泰万菌素等。

③在传染性支气管炎造成气管和支气管堵塞时，要及时应用治疗堵气管的药物，及时分解纤维素，疏通气道，避免死亡。

组方基本原则是制止渗出、促进溶解、抗毒消炎、扩张气管。

（2）肾型传染性支气管炎：

①选择小肽制剂抗病毒最好。

②肾间质消炎药：水杨酸苯酯、卡巴匹林钙饮水。

③排除尿酸盐药物：大剂量应用3%碳酸氢钠液体全天饮水，以碱化尿液，利于尿酸盐的排出。

④另有丙磺舒、柠檬酸、车前子、维生素 A 等可选用。

（3）生殖型传染性支气管炎：确诊患鸡，予以淘汰。

四、传染性喉气管炎

鸡传染性喉气管炎是由传染性喉气管炎病毒引起的，一种急性、接触性、上呼吸道传染病。临床特征是呼吸困难、咳嗽和咳血。黄羽肉鸡发病传播迅速，死亡率高。原来商品白羽肉鸡未曾发病过，但从 2017 年开始，白羽肉鸡每逢冬春季节也时有发生，且致死率很高。

【病原及传播途径】传染性喉气管炎病原属疱疹病毒 I 型，病毒核酸为双股 DNA。病毒主要存在于病鸡的气管组织及其渗出物中，肝、脾和血液中较少见。

传染性喉气管炎病毒分为成熟和未成熟两种毒株，在致病性和抗原性上均有差异，但只有一个血清型。由于毒株毒力存在差异，对鸡的致病力不同，给防治本病带来一定困难。鸡群中常有带毒鸡存在，病愈鸡可带毒 1 年以上。

【临床症状】发病初期，常有数只病鸡突然死亡，鼻流半透明状液体，偶有结膜炎；表现为特征性的呼吸道症状，如呼吸啰音，咳嗽。每次吸气时头颈向前向上、张口吸气的姿势，有喘鸣声；咳出或甩出带血的黏液。若分泌物不能咳出时，病鸡可窒息死亡。

最急性病例可于 24 小时内死亡，多数 5~10 天或更长，不死者多经 8~10 天恢复，有的可成为带毒鸡。有些毒力较弱毒株引起发病时，流行比

肉鸡眼内有气泡

麻鸡伸颈喘鸣

黄鸡呼吸困难，高声怪叫

黄鸡甩在墙壁上的血色物

较缓和，发病率低。病鸡症状较轻，只是无精打采，生长缓慢，产蛋减少，有结膜炎、眶下窦炎、鼻炎及气管炎。病程可达 1 个月，易反复。

【病理变化】典型病变为喉头、气管黏膜肿胀、出血和糜烂。气管内有黏液或含血黏液或血凝块，管腔变窄，病程 2~3 天后气管有黄白色纤维素性干酪样假膜，有的就在喉头口处形成黄色纤维素凝栓。

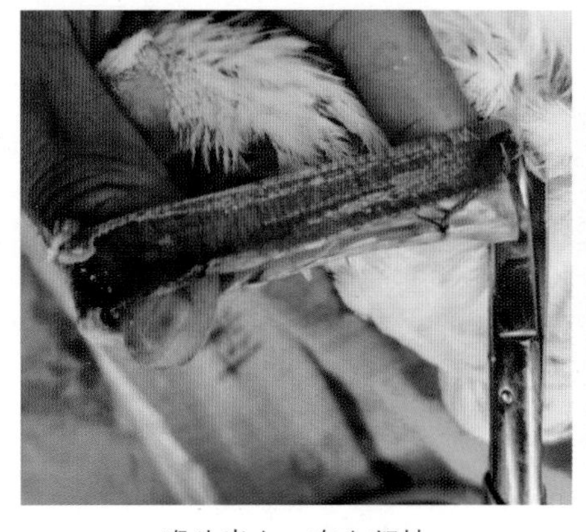
喉头出血，有血凝块

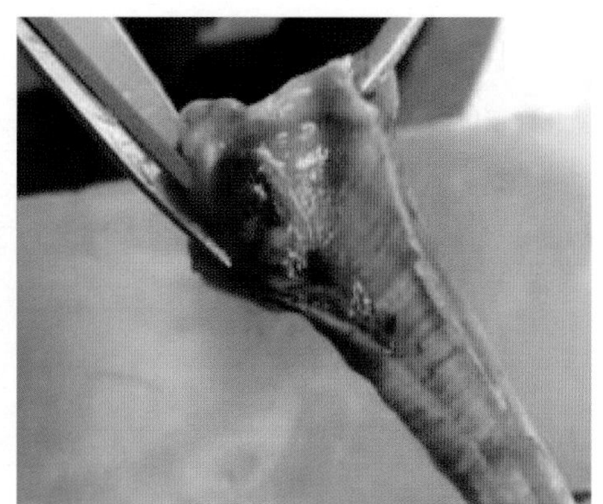
喉头严重出血，有凝血块

喉头出血，气管出血

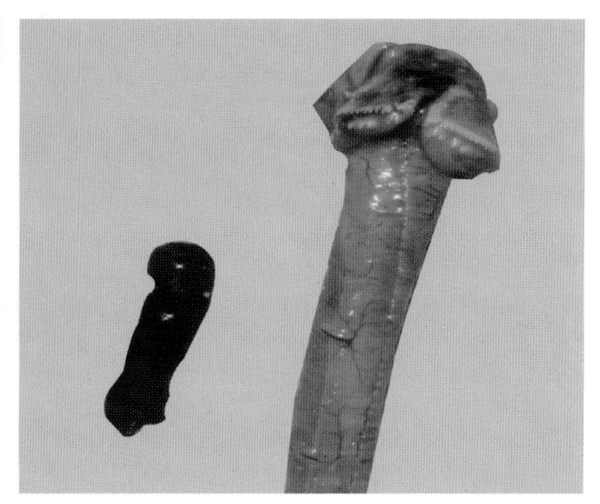

气管内的血凝块

病鸡喉头下有纤维素块

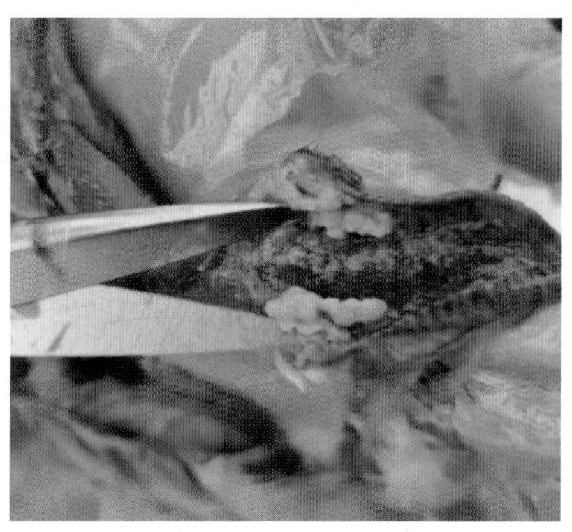

黄鸡喉头出血，有纤维素干酪样物

【诊断要点】

（1）临床特征：突然发病，迅速传播，异声怪叫，咳血、甩血。

（2）剖检变化：喉头及气管出血、凝血，有干酪样物。

【防控措施】

（1）疫苗接种：本病流行地区，可考虑接种鸡传染性喉气管炎弱毒疫苗免疫。预防用苗1头份，黄鸡首次在35日龄点眼、滴鼻，第二次在80日龄左右。保护期半年至一年。

近年来白羽肉鸡的传染性喉气管炎呈上升高发趋势，建议发病鸡棚或区域在鸡3周龄前用疫苗接种比较安全。

没有本病流行的地区最好不用弱毒疫苗免疫，更不能用自然强毒接种，它不仅可使本病疫源长期存在，还可能散布其他疫病。

（2）疫苗评价：进口和国产疫苗都有着较好的免疫效果，但毒力普遍偏强，接种后鸡应激大。这些疫苗与强毒株一样也能导致持续感染，在鸡群间传播可使毒力返强，使免疫鸡群有可能成为潜在的传染源，引起疫情，故非疫区不建议使用活疫苗。在接种前后，可给鸡群投喂抗应激药物以减轻副反应。实践发现，新城疫、传染性支气管炎活疫苗免疫能够加强传染性喉气管炎的副反应，故在免疫传喉活疫苗时要与新城疫、传染性支气管炎活疫苗间隔1周以上。

【规范用药】

（1）应用抗病毒中药或生物制品饮水。

（2）选用抗菌药物，防止继发感染，多用林可霉素。

（3）应用止血剂治疗效果更好，多用维生素 K_1、K_3，仙鹤草素等。

（4）如果喉头有纤维素堵塞物，及时用纤维素分解剂疏通气管。

耐过鸡在一定时间内仍带毒、排毒，所以最好淘汰。

五、传染性法氏囊炎

鸡传染性法氏囊病是由传染性法氏囊病毒引起的，一种急性、高度接触性传染病。临床发病急、死亡率高，且可引起鸡体的免疫抑制，目前仍然是养鸡业的主要传染病之一。

【病原及传播途径】传染性法氏囊病毒属于双RNA病毒科，包括两个血清型。病鸡和带毒鸡是本病的主要传染源。

病鸡的粪便含有大量病毒，污染饲料、饮水和环境，使同群鸡经消化道、呼吸道和眼结膜等感染；此病毒可长时间存在于鸡舍环境中；本病还可通过器具、昆虫、垫料等间接传播；拥挤、高温等因素可促进发病。

一年四季均可发病。在自然条件下，本病只感染鸡，所有品种的鸡均可感染；3~6周龄为发病高峰期；该病发病率高，几乎达100%，死亡率为 5%~15%。

【临床症状】雏鸡群突然大批发病，2~3 天内可波及 60%~70% 的鸡，鸡发病后 3~4 天达到死亡高峰。发病前 3 天，鸡群采食量突然增加。病鸡精神沉郁，嗜睡，即眼半闭，没精神；远离鸡群，呆立一边；驱赶时可睁眼看一看，停止驱赶则又闭眼呆立，对周围环境漠不关心。颈部戗毛，翅膀下垂；随后病鸡排出奶油状或石灰渣样的白色稀便，重者脱水，卧地不起，极度虚弱，最后死亡。耐过雏鸡贫血消瘦，生长缓慢。

病鸡精神沉郁，颈部戗毛，翅膀下垂

在混感新城疫、慢性呼吸道疾病和大肠杆菌病时，死亡率升高。

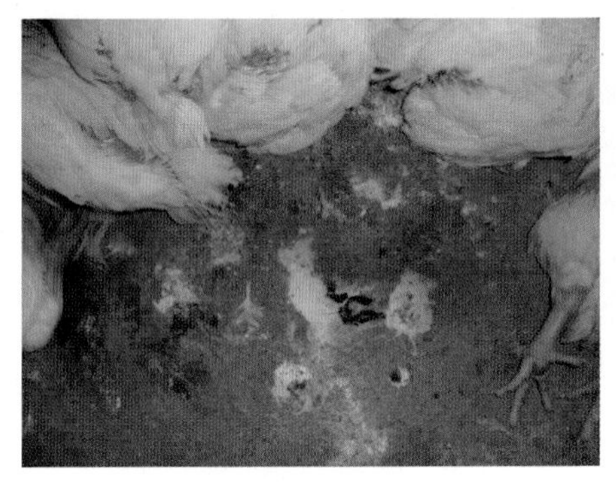

病鸡石灰渣样下痢

病鸡排出奶油样稀便

【病理变化】病死鸡表现脱水，腿肌和胸肌常有不规则出血；腺胃和肌胃交界处黏膜有出血带。

法氏囊特征性病变为法氏囊肿胀，呈黄色胶冻样水肿，切开法氏囊有黏液性或纤维素性渗出物；严重时法氏囊黑紫、出血、坏死；肾脏呈花斑状。

法氏囊是本病毒攻击的主要靶器官，因而法氏囊的病理变化具有较高的诊断价值。

1 周内，法氏囊会经历水肿、充血，囊内黏液渗出，囊外浆膜层纤维素渗出、出血，囊内形成脓性分泌物，黑紫，萎缩的病理演变过程。肝脏土黄色，多呈红黄相间的条纹状脂肪变性。在腺胃上下端经常出现出血带。肾脏肿胀，呈花斑状，有尿酸盐沉积。严重者胸肌、腿肌有不规则的出血点或出血斑。

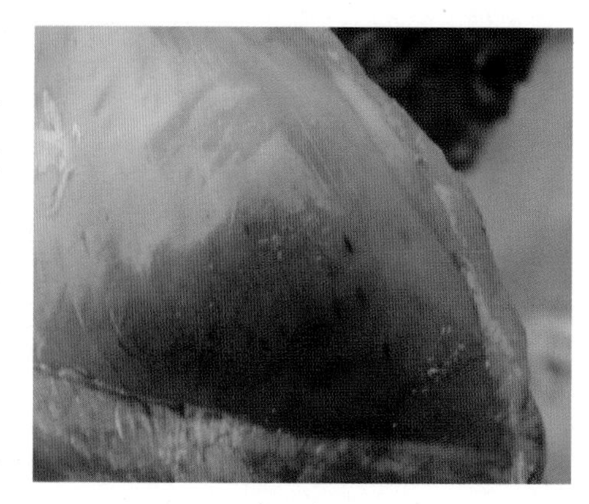

胸肌出血

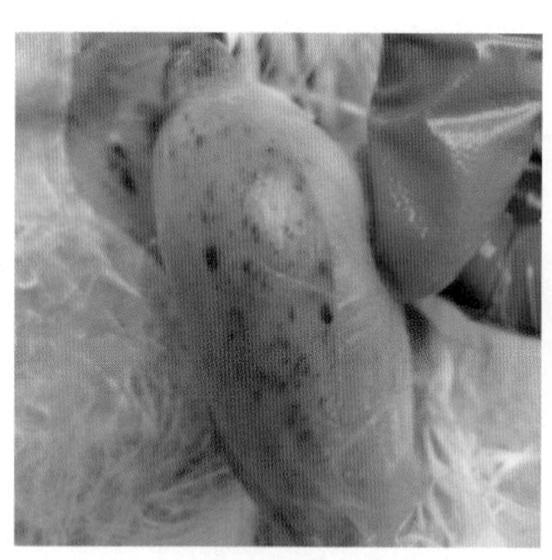

腿肌明显出血

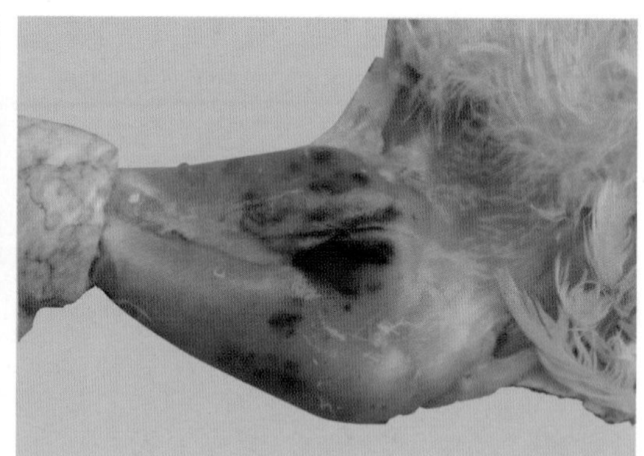

腿肌严重出血

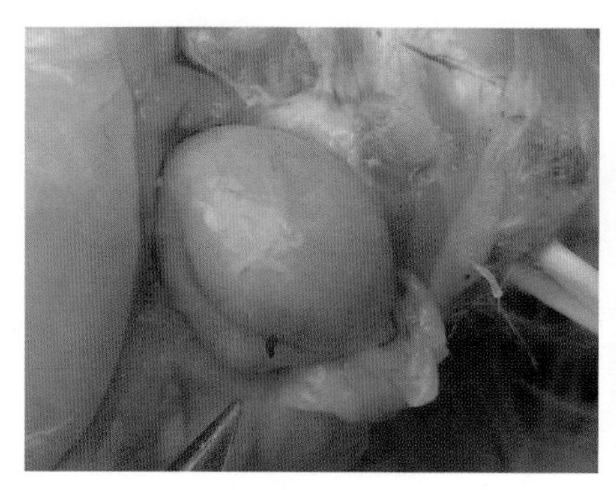

法氏囊高度肿胀

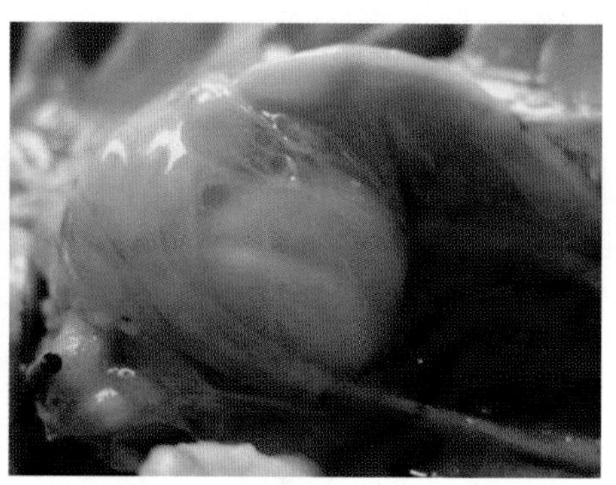

法氏囊周围胶冻样渗出物，粘连

法氏囊肿胀，内有出血

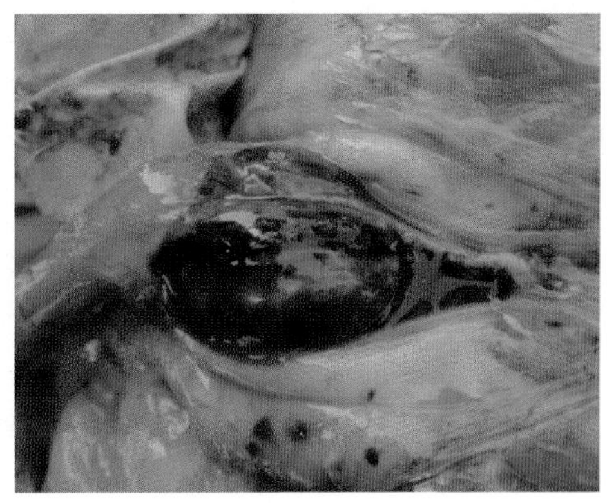

法氏囊严重出血，似紫葡萄状

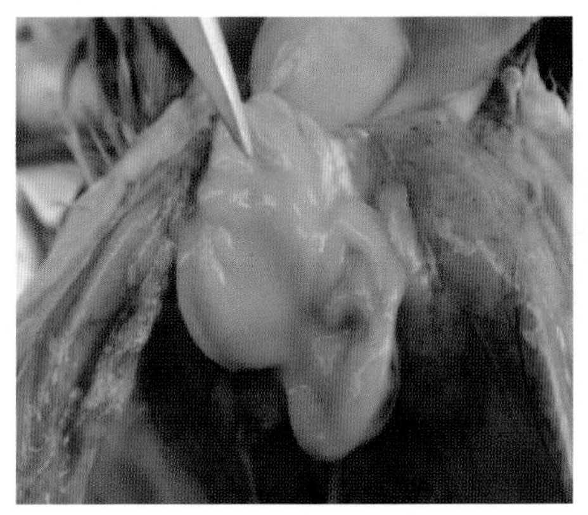

切开法氏囊，有多量黏液脓性分泌物

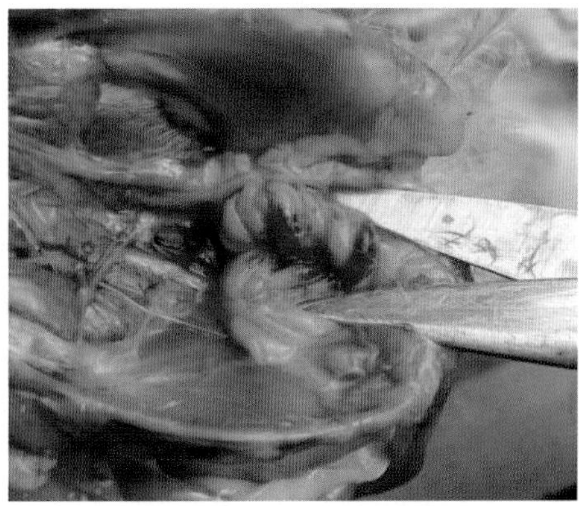

切开法氏囊，有明显出血

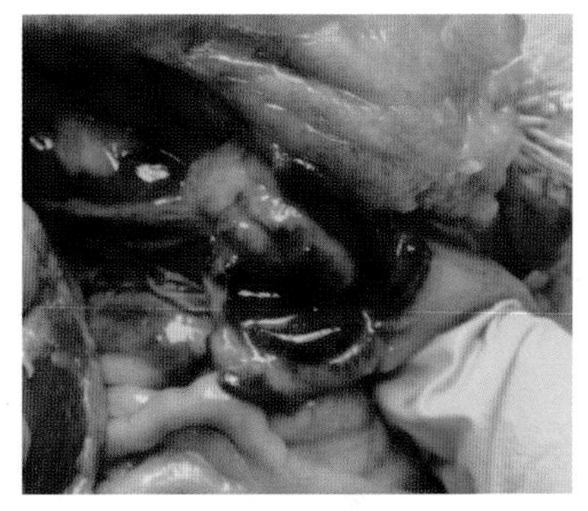

切开法氏囊，严重出血

肝脏变性，红黄相间，呈桃花芯状

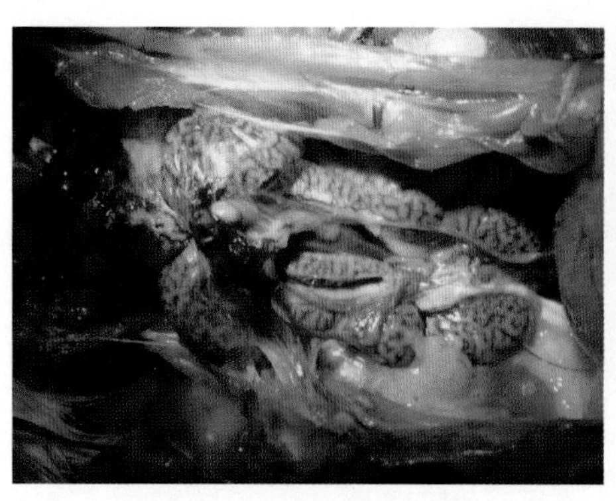

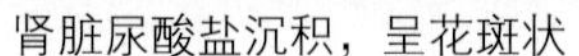

肾脏尿酸盐沉积，呈花斑状

腺—肌胃交界处有出血带

【诊断要点】

（1）临床特征：突然发病，精神沉郁，颈部戗毛，白色下痢。

（2）剖检变化：肌肉出血，肾脏病变，法氏囊特征性病变。

【防控措施】

（1）疫苗接种：法氏囊疫苗的免疫非常重要，它不仅可有效预防传染性法氏囊炎，而且还能避免继发感染其他病毒病。

（2）雏鸡免疫：雏鸡接种中等毒力疫苗后对法氏囊有轻度损伤，但对血清Ⅰ型的强毒保护率高。一般在雏鸡 14 日龄进行点眼、滴鼻或饮水免疫。

（3）提高种鸡的母源抗体水平：种鸡群在 18~20 周龄和 40~42 周龄经 2 次接种法氏囊油佐剂灭活苗后，可产生高抗体水平并传递给商品代。雏鸡能获得较整齐和较高的母源抗体，在 2~3 周龄得到较好的保护，防止早期感染。

【规范用药】

（1）紧急注射抗体：对于发病鸡群，可应用抗法氏囊高免血清或高免卵黄抗体紧急接种，注射时可加入适量抗生素。

（2）抗病毒药：抗病毒中药制剂疗效良好，近年来应用生物制剂抗病毒也很广泛。

（3）提高免疫力：把高浓度电解多维、氨基酸、鱼肝油等加入饮水，有助于病鸡的康复。

（4）治疗继发病：根据病情紧急接种Ⅳ系苗，防治新城疫；治疗肾病；待原发病恢复后，积极防治大肠杆菌病。

六、包涵体肝炎

肉鸡包涵体肝炎是由腺病毒引发的急性传染病，近年来高发。黄羽、白羽肉鸡均受到侵害，特征是病鸡死亡突然增多，全身和各脏器黄疸，出血、贫血，肝脏肿大出血。

【病原及传播途径】禽腺病毒科Ⅰ型腺病毒，目前有12个血清型，各血清型的病毒粒子均能侵害肝脏。Ⅰ群禽腺病毒粒子无囊膜，直径为70~90纳米，核酸为双股DNA。病毒在核内复制，产生嗜碱性包涵体。在病早期，肝脏和法氏囊产生的病毒浓度最高。

全年发病，夏秋季多发，3~6周龄鸡多发；肉鸡、黄鸡和杂交鸡都有发病；病鸡和带毒鸡是传染源，通过粪便、气管和鼻液排出病毒而感染健康鸡；主要经呼吸道、消化道及眼结膜感染，而消化道及粪便是主要传播途径；经种蛋传播；雏鸡为垂直传播，成鸡为垂直和水平传播。

临床发现，本病发生与传染性法氏囊病免疫不合格有关，且病愈鸡能获得终身免疫。

【临床症状】一般潜伏期不超过4天，鸡突然死亡，大群鸡精神好，个别出现嗜睡，冠髯贫血；黄绿色下痢；羽毛蓬乱，曲腿蹲立；少数病鸡呈现黄疸症状。

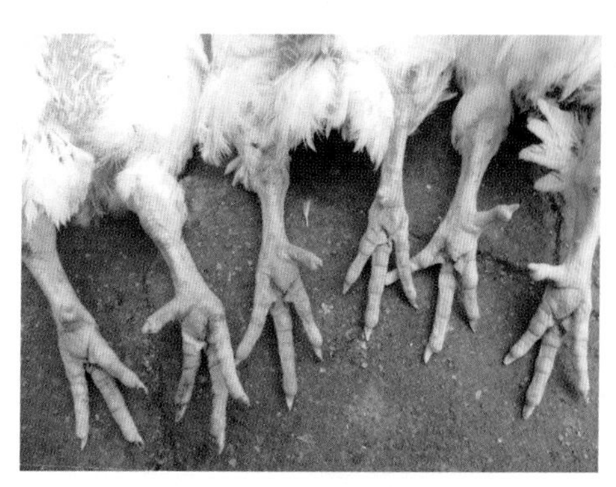

鸡突然死亡，腿爪贫血、苍白

病鸡临死前发出尖叫声并出现头颈后仰等神经症状，死亡率为2%~10%；病雏鸡有严重贫血症状；大群鸡多不减料，有的反而增料。

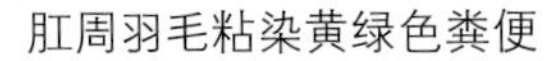

肛周羽毛粘染黄绿色粪便

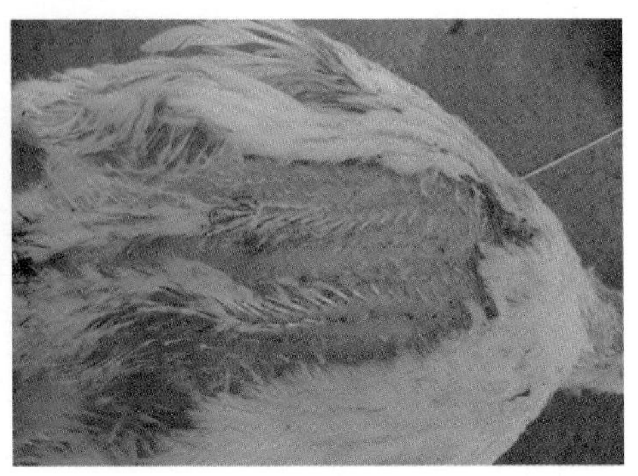

皮肤呈黄色

【病理变化】剖检变化非常明显。皮下组织、胸肌和腿肌苍白、黄染并有出血斑点；脂肪组织黄染；肝脏肿胀、黄染、出血、质脆；蛋鸡肝脏出血明显，在肝脏上附着凝血块，腹腔有淡红色液体；心肌、心冠脂肪黄染；肾和脾肿大、黄染；股骨骨髓出血，呈桃红色，肠管浆膜、黏膜可见明显黄染出血；法氏囊萎缩；胸腺水肿、出血；脑水肿、神经细胞变性等。

胸肌呈黄色

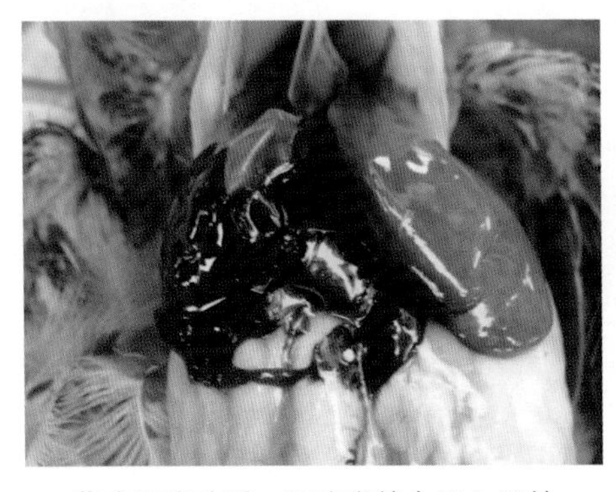

黄鸡肝脏破裂，肝脏附着大量血凝块

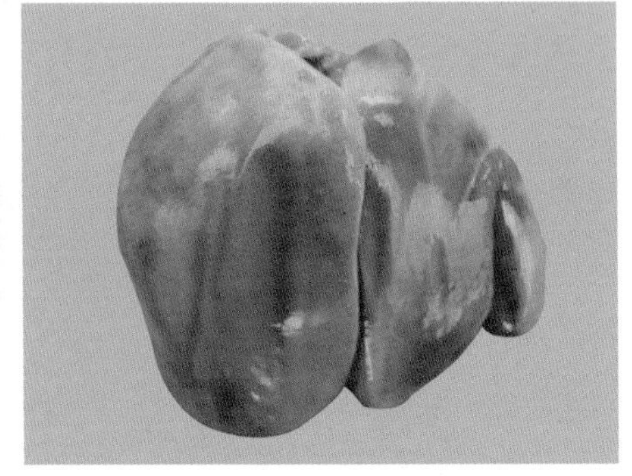

肝脏肿胀黄染，呈桃花芯状

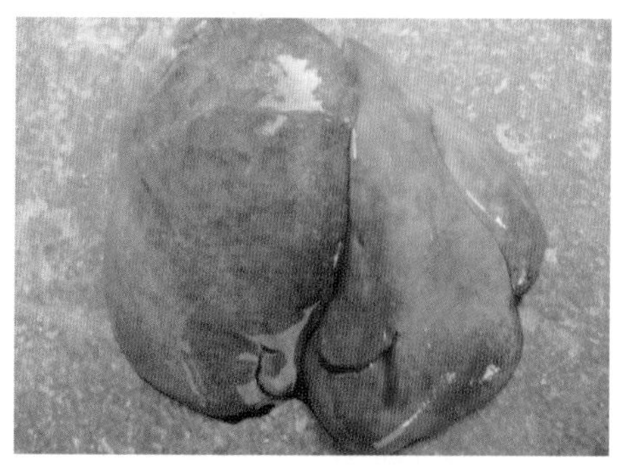

肝脏黄染，且有白色坏死点

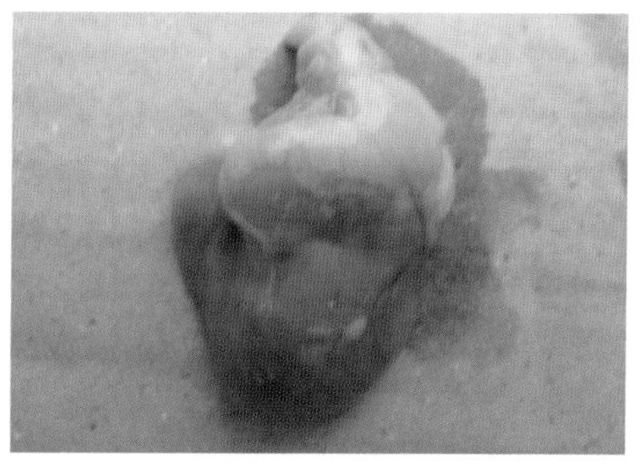

心冠脂肪水肿、黄染

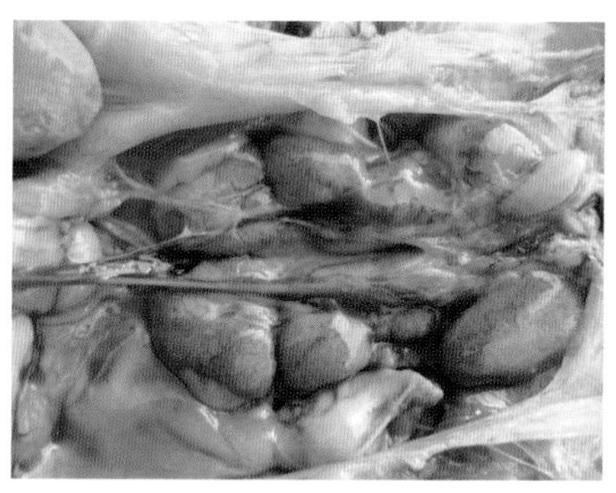

肾脏肿胀、黄染

脾脏肿胀、贫血、出血

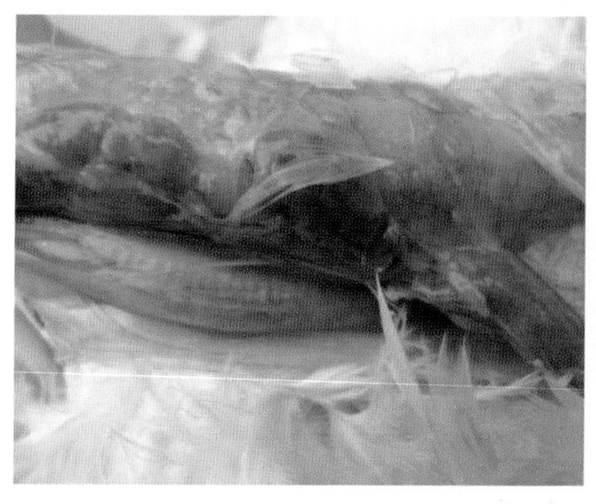

胸腺出血，颈部肌肉黄染

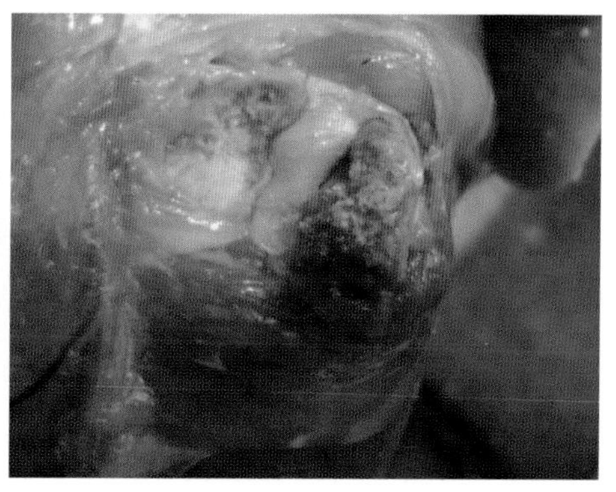

股骨骨髓贫血，呈淡白色

【诊断要点】

（1）临床症状：健康鸡突然死亡。病鸡排黄绿稀便，精神尚可，水料不减。

（2）剖检变化：全身和各脏器黄染、出血。

（3）肝脏特征：肝脏肿大、黄染，肝出血、易碎。

【防控措施】

（1）目前尚无有效疫苗，控制本病须采取综合措施。

（2）杜绝引进病鸡或带毒鸡，病鸡尽早淘汰，严格环境消毒。

（3）增强鸡群抗病能力，可阶段性在饮水中添加中药或维生素 K 及微量元素，以防继发感染。

（4）传染性法氏囊病和传染性贫血可以增加本病毒的致病性，因此，需加强免疫。

【规范用药】

（1）腺病毒抗体是特效产品，确诊后立即注射，效果明显，必须要与血清型号相符。

（2）生物制剂和中药提取物，用于饮水抗病毒。

（3）饮用大剂量优质保肝药。

（4）避免盲目和频繁用药。

（5）忌用化学药品，临床证明，化学药品应用越多，死亡率越高。

七、安卡拉病

鸡安卡拉病又称“心包积水—肝炎综合征”，是由禽腺病毒引发的。此病最早于 1987 年发生在巴基斯坦，我国于 2015 年 6 月大面积发生。主要特征是鸡突然发病，死亡率极高；心包积液和肝脏炎症；使用药物治疗效果不佳，越用化学药品死亡越多，死亡率高达 80%。本病给养鸡业带来了巨大损失，已成为白羽肉鸡、杂交肉鸡和黄鸡养殖业的主要危害性疾病之一。

【病原及传播途径】鸡禽腺病毒分为个群（或称 3 个亚型）：即Ⅰ群、Ⅱ群、Ⅲ群。其中Ⅰ群腺病毒感染主要是鸡的安格拉病和包涵体肝炎。我国发生的安卡拉病致死率很高，由鸡Ⅰ群腺病毒血清 4 型腺病毒引起（FADV-4）。

本病可垂直传播和水平传播。种鸡强制换羽次数愈多，子代愈易患病。病毒存在于粪便、气管和鼻腔黏膜、肾脏，因此，病毒可经所有排出物传播，病毒在粪便的滴度最高。水平传播为直接接触粪便，或由同一场舍短距离内的空气传播。临床发现，鸡场之间可由人员、用具污染物传播。

【临床症状】初期大群鸡正常，健康鸡突然死亡；有的鸡群出现减料，有的增料；发病鸡缩脖、闭眼、戗毛，不吃料，但大群鸡精神尚可；排出黄绿色和白绿色粪便，粘染肛门周围的羽毛；有的死鸡皮肤黄染。

鸡突然死亡，健者多发

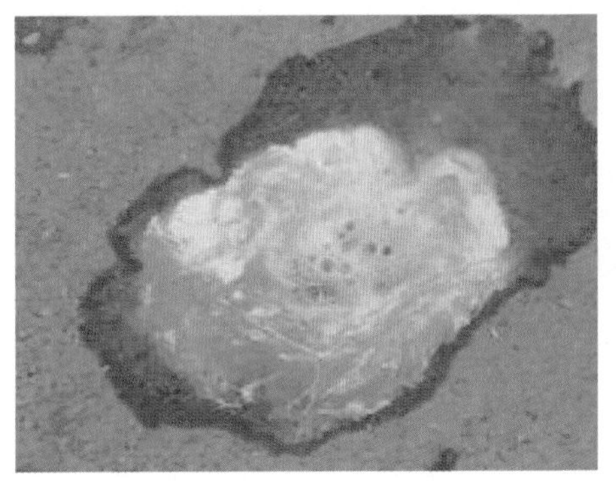

病鸡排黄绿白色稀便

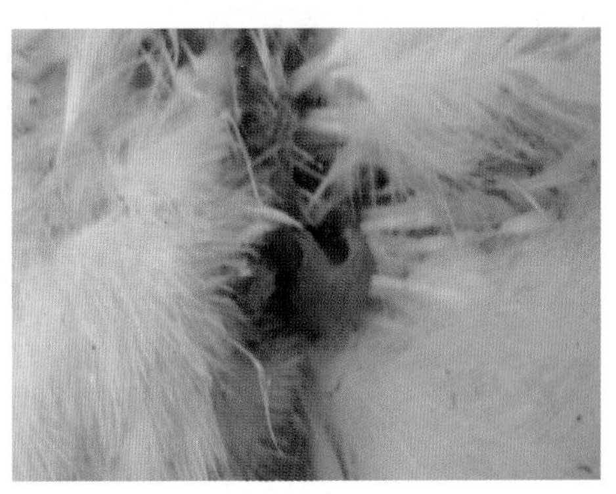

病鸡肛门周围粘染黄绿色粪便

【病理变化】安卡拉病毒和包涵体肝炎病毒一样，同属Ⅰ群腺病毒，因此，临床剖检变化就是包涵体肝炎病变+心包积液。心包积液多种多样，透明、浑浊、淡黄、黏稠等。肝脏质脆易碎。胸腺水肿、出血。

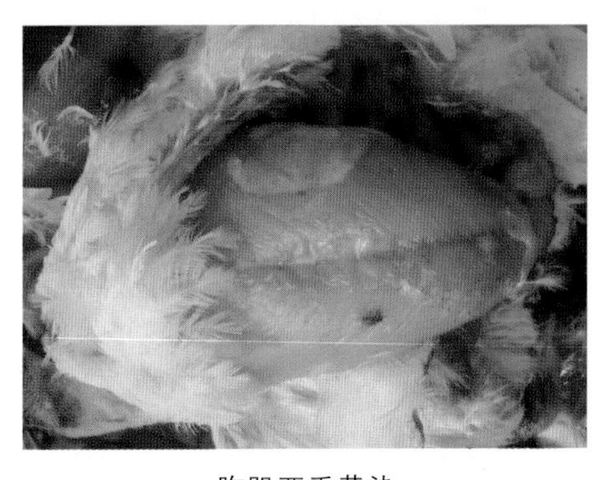

胸肌严重黄染

肉杂鸡心包积液透明

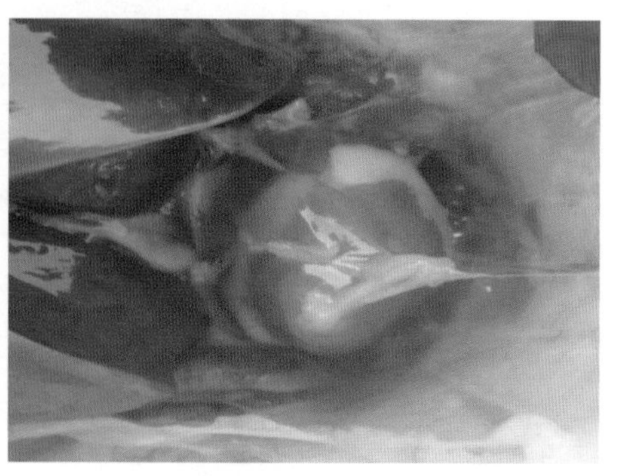

白羽肉鸡心包积液，呈淡黄色

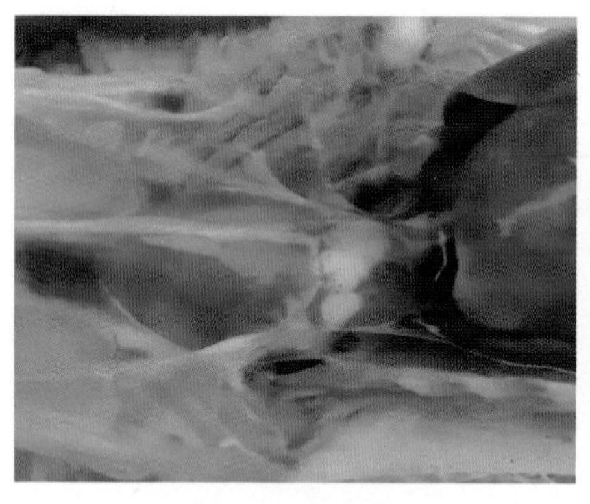

心包积液，呈黄色透明

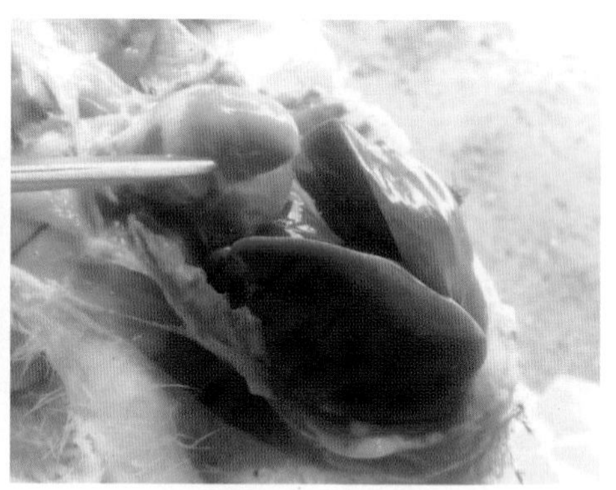

心包积液，液体稍混浊

心包积液，呈黄绿色胶冻样

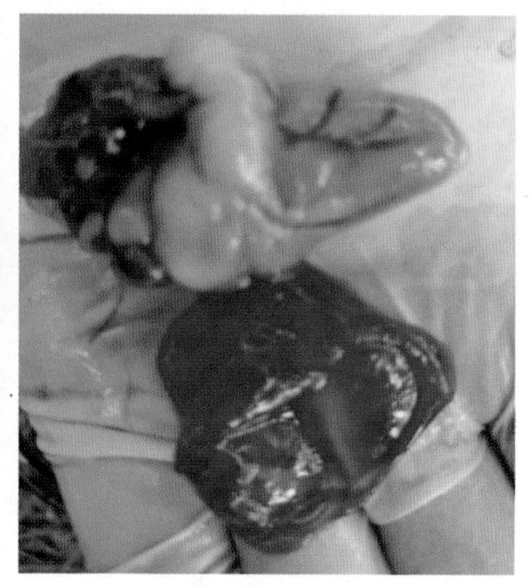

心包积液，呈红色胶冻样

心包积液，肝肿胀，表面附着纤维素物

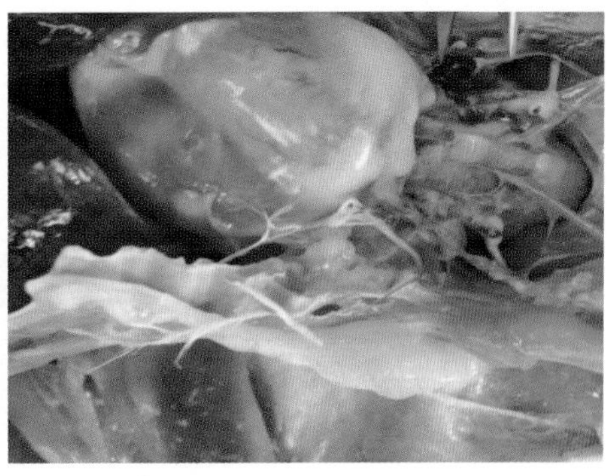
心包内附着纤维素物

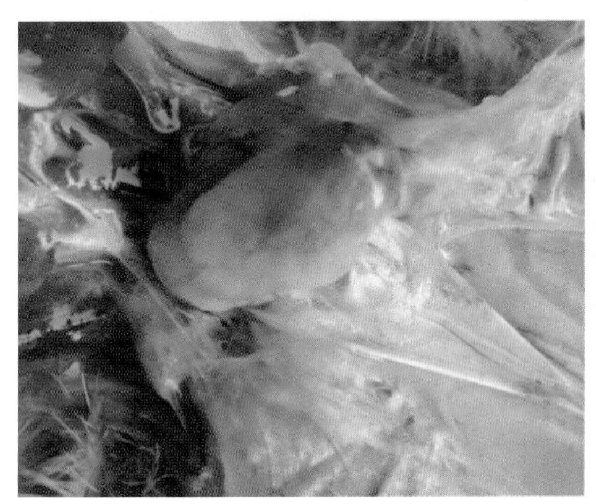
黄鸡心包积液，心肌出血

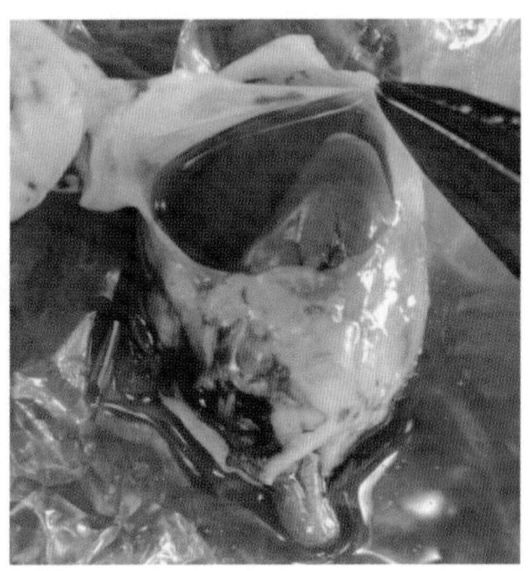
心包积液超过 20 毫升

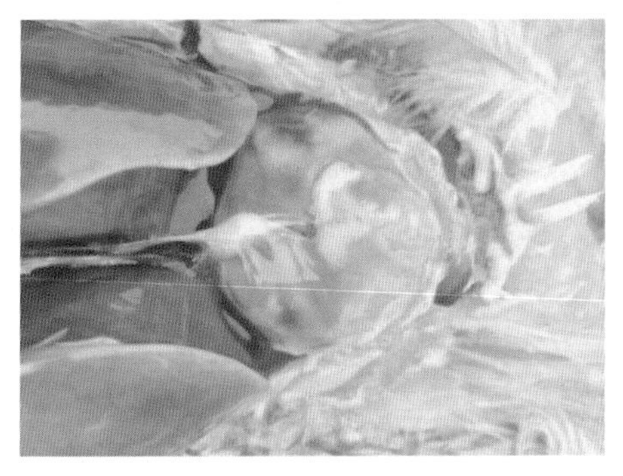
心包积液，肝脏黄染

肝脏黄染、出血

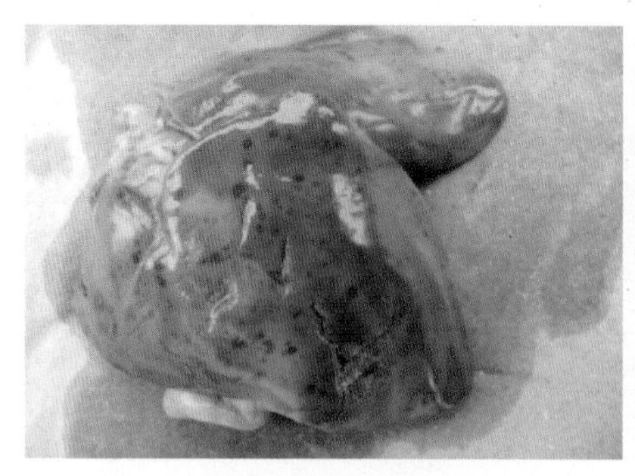
肝脏出血，易碎

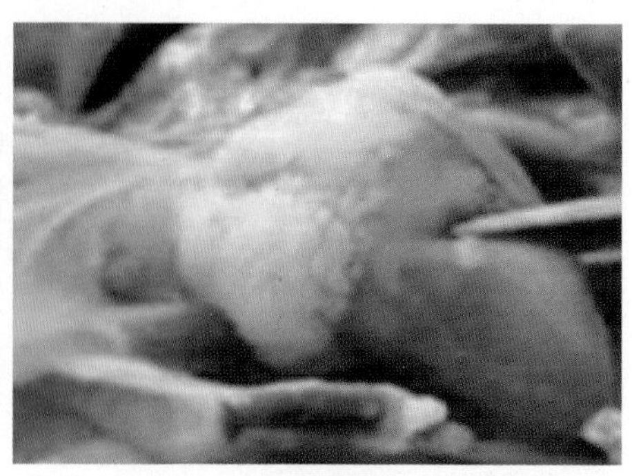
心肌变软

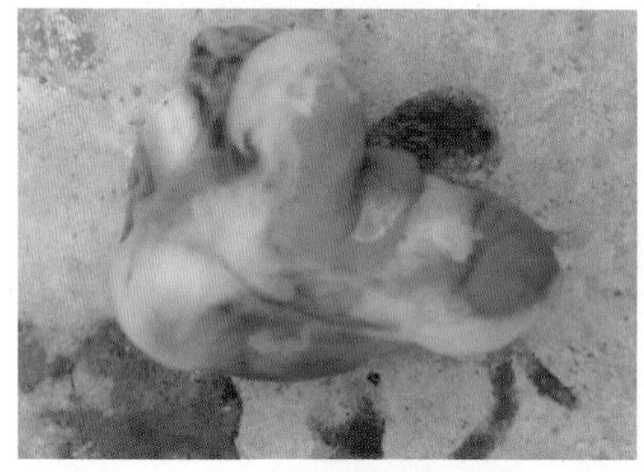
心肌贫血，变黄

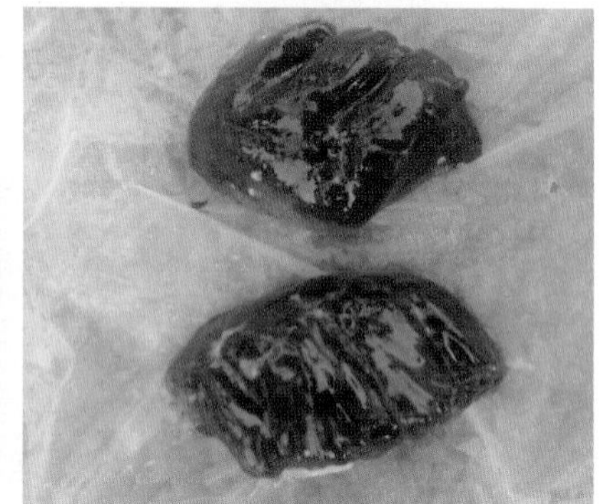
肺脏淤血、水肿，变黑

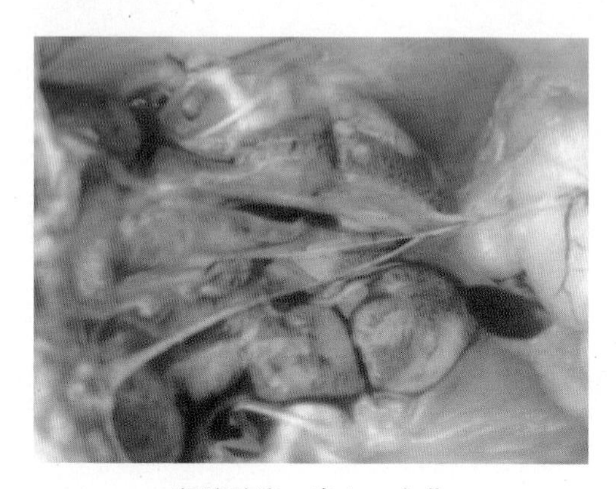
肾脏肿胀、出血，变黄

【诊断要点】

（1）临床特征：健康鸡多发病，排黄绿粪便，水料不减，精神尚可。

（2）剖检变化：

①肝脏特征：肝脏肿大、黄染，肝出血、易碎。

②心脏心包：心肌软，心包积液，黄黏。

③肺脏病变：肺淤血、水肿、出血、坏死。

④肾脏病变：肾脏肿大、黄染、苍白、出血。

【防控措施】

（1）农业部批准的腺病毒疫苗即将上市。

（2）免疫程序：8日龄免疫腺病毒苗0.3毫升，20日龄再免0.5毫升。经腺病毒疫苗免疫后，抗体滴度30日龄即达4.35，50日龄达7.19，70日龄达6.88，90日龄达6.03，120日龄达4.95，150日龄仍保持在4.32，免疫效果非常理想。

（3）要重视法氏囊疫苗的免疫，种鸡还要接种传染性贫血疫苗。

（4）发病后避免人员流动，更不能串舍；粪便要及时清理，严格消毒。

【规范用药】

（1）用药原则：接触抑制，抗毒消炎，强心利尿，保肝解毒。

（2）选用高效精制腺病毒抗体注射，6小时后即可控制病情；用中药及生物制品饮水。

（3）大剂量应用优质保肝强心药物，连续3~4天，治疗效果良好。

（4）一定不要大剂量应用化学药品，否则，死亡率高。

八、禽戊型肝炎

禽戊型肝炎又叫大肝大脾综合征，在我国肉种鸡已经发生多年，但至今仍未引起大家的足够重视。一旦肉鸡感染禽戊型肝炎病毒后，则引起肉种鸡产蛋率下降，甚至死亡。在死鸡腹内有红色液体或凝固的血液，以肝脾肿大为特征。

【病原及传播途径】禽戊型肝炎病毒（HEV）属肝病毒科、肝病毒属、基因Ⅴ型。病毒球形、无囊膜、对称，直径32~34纳米，表面有杯状物。

通过调查38个种鸡场，34个有过禽戊型肝炎感染。在检测的所有5 755份血清中，2 528份阳性，阳性率达到了43.9%，说明禽戊型肝炎在我国种鸡场已经非常严重，已在全国范围内广泛流行。

从部分鸡场收集发病鸡的胆汁和粪便样品，参考国外研究学者设计的禽戊型肝炎检测引物，对提取的RNA进行巢式RT–PCR检测，结果90份胆汁样品11份为阳性，76份粪便样品8份为阳性。证明病毒在鸡肝脏细胞中复制后，从肝脏细胞释放到胆小管，再至胆囊，最后从粪便排出。这样的粪—

口感染及传播途径，说明感染鸡粪便是病毒的主要来源。所以，地面散养的黄羽肉鸡和肉种鸡，发病率要明显高于笼养蛋鸡。

母鸡感染禽戊型肝炎可垂直传播，30~70 周龄肉种鸡多发，40~45 周龄肉种鸡发病率最高。

【临床症状】感染鸡潜伏期为 1~3 周，发病率和死亡率相对较低；发病鸡群产蛋率下降 20% 以上，有的则减蛋很少。产蛋中期日死亡率为 0.03%~0.1%；感染鸡群产小蛋、薄壳蛋，蛋壳颜色变浅，但鸡蛋质量、受精率和孵化率影响不大。

死亡鸡通常体况良好，腹部充血。

【病理变化】剖检，肝脏肿大、黄染，有的脆软如泥，有的则萎缩硬化，有的变性呈桃花芯样，有的肝脏被膜下出现血肿；临床最常见的是肝破裂，附着血凝块。腹腔中可见红色液体或血凝块。脾脏肿大，有坏死灶，或脾脏变黑败血。有的卵巢变化不明显，有的硬固坏死，有的严重退化。

【诊断要点】

（1）临床特征：突然发病，持续死亡，皮肤充血，体况良好。

（2）病理变化：腹腔积血，肝脏肿大、黄染、出血、硬化，脾脏肿大。

【防控措施】

（1）目前禽戊型肝炎尚无疫苗可用。

（2）鸡场要有严格的生物安全措施，如严格选择鸡苗来源场，严格消毒，防止垂直传播。

（3）防治其他免疫抑制性疾病，有助于预防禽戊型肝炎感染。

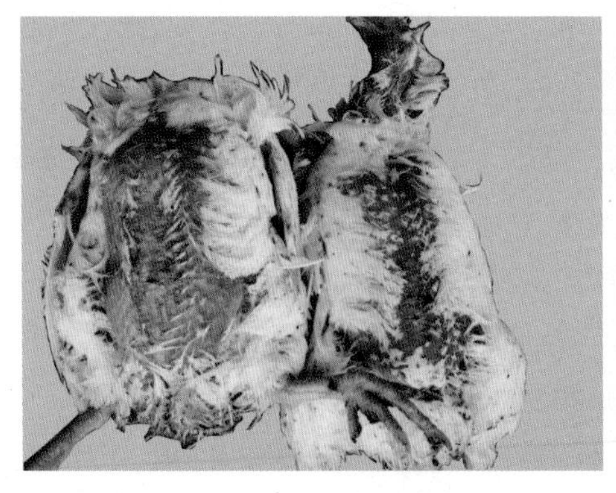

肉种鸡体况良好，腹部皮肤充血

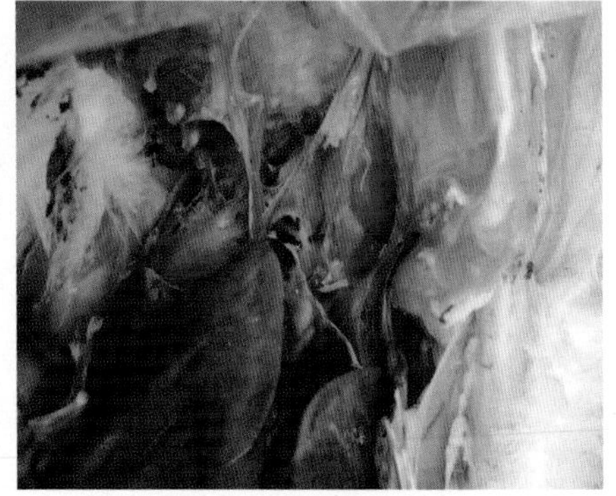

腹腔内有大量红色液体

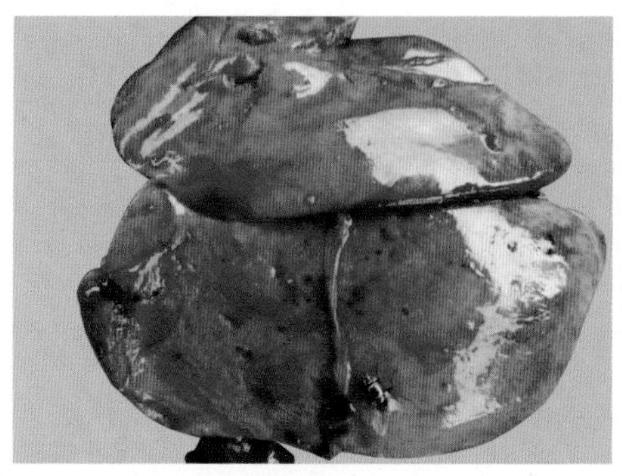
肝脏高度肿胀，黄染

肉种鸡肝脏肿胀，腹腔有淡红色液体

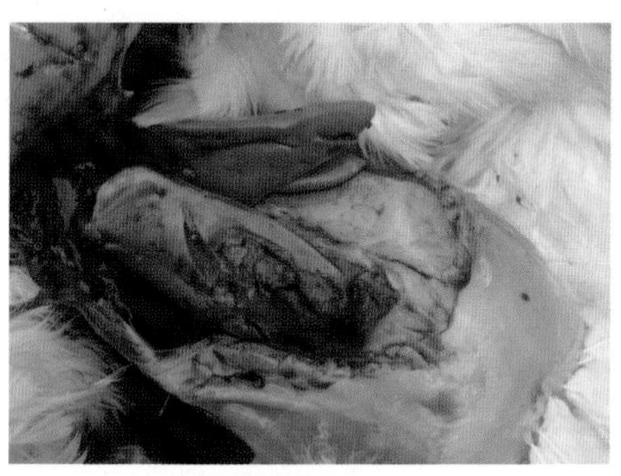
肉种鸡肝脏变脆，易碎

肝脏附着凝血块

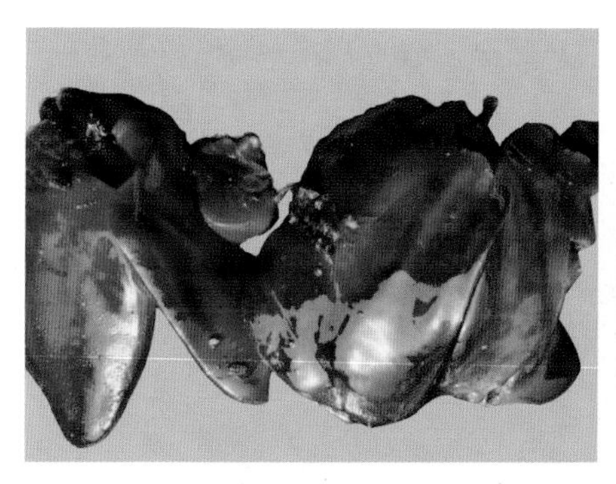
肝脏硬固无弹性

肝脏变性，呈条状桃花芯样

戊型肝炎各种肝脏表现

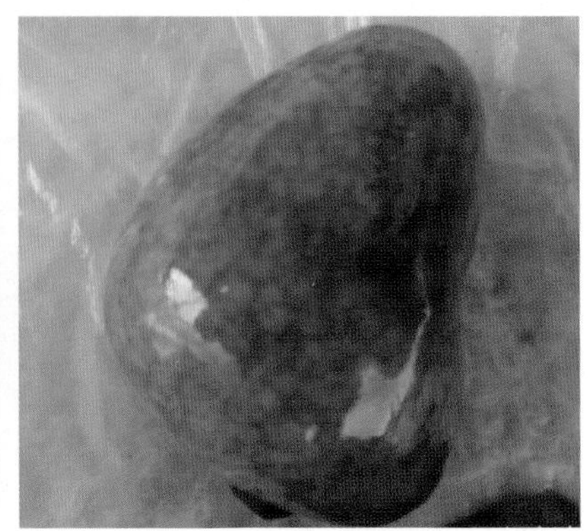

黄鸡戊型肝炎，脾脏肿大

脾脏肿大

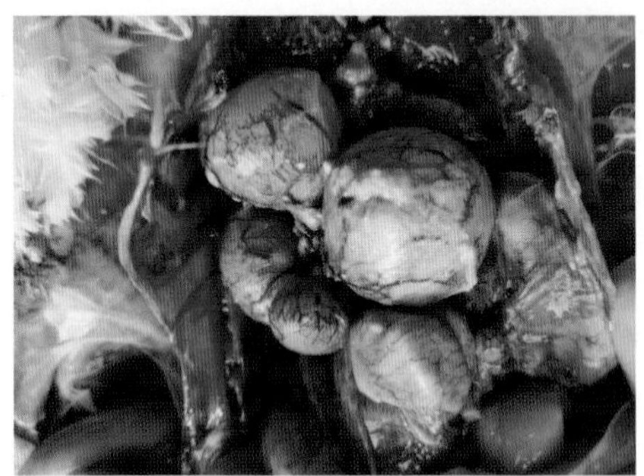

肉种鸡卵泡充血或淤血

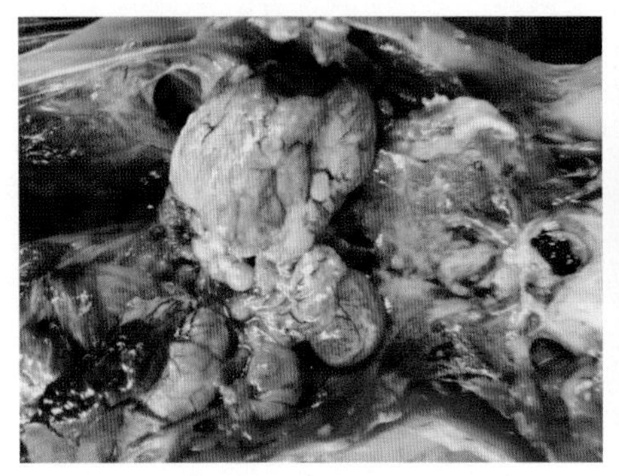

肉种鸡有的卵泡硬固坏死

肉种鸡戊型肝炎，易继发卵黄性腹膜炎

【规范用药】

（1）大群鸡经常饮用优质保肝药。

（2）大群鸡可定期应用抗病毒中药，提高免疫力。

（3）一旦感染发病，可大剂量饮用抗病毒和保肝药物，可降低死亡率。

九、病毒性关节炎

鸡病毒性关节炎曾称病毒性腱鞘炎，临床特征是跗关节周围炎、关节滑膜炎、关节肿胀、腱鞘炎、肌腱断裂等。病鸡关节肿胀，行走困难，无法正常采食，因而淘汰率增加，造成了一定的经济损失。

【病原及传播途径】病原为禽呼肠孤病毒。病毒粒子无囊膜，呈 20 面体对称排列，直径为 75 nm。其基因组由 10 个节段的双链 RNA 构成。鸡呼肠孤病毒广泛存在于自然界，虽可从多种鸟类体内分离到，但鸡和火鸡是唯一可被病毒感染而引起关节炎的动物。病毒可水平和垂直传播，主要为水平传播。带毒鸡是主要传染源，经过消化道排毒。鸡日龄越大，敏感性越低，10 周龄之后明显降低；1 日龄雏鸡最易感染，但发病较少；临床 3~6 周龄中大鸡多发病，发病率 10% 以上。多呈局部散发，有的在同一个鸡舍连续几批次发病。

大肠杆菌可诱发病毒性关节炎，滑膜炎可混合感染。

【临床症状】病鸡关节肿胀疼痛，行走不便，呈典型的蹒跚步样。严重的伏卧不动，无法采食而饿死。多见跗关节及周围组织肿胀。

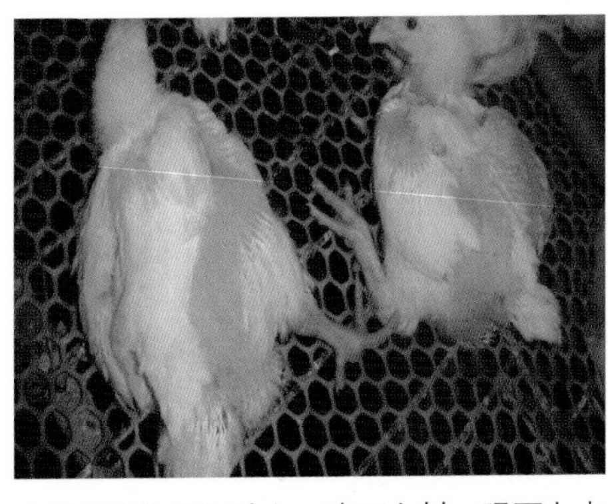

肉鸡因疼痛不能站立，吃不上料，喝不上水

肉鸡单侧跗关节及周围组织肿胀

肉鸡双侧跗关节及周围组织肿胀

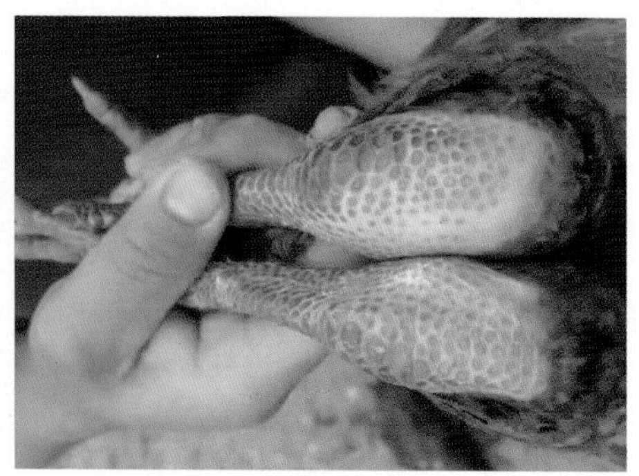
麻鸡跗关节及周围组织肿胀

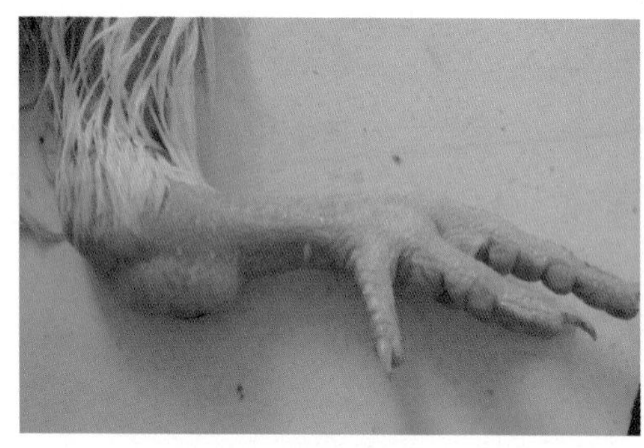
屈肌腱鞘肿胀

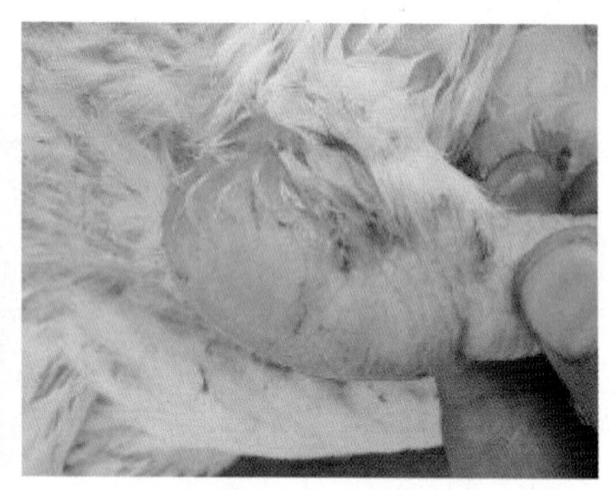
跗关节淤血，呈青紫色

【剖检变化】跗关节前部的趾伸肌腱和后面的趾屈肌腱明显肿胀，特别是屈肌腱鞘肿胀、淤血、出血、化脓最为常见；有的屈肌腱损伤或断裂；关节液浑浊、化脓，关节面损伤；股骨头骨膜损伤或消失。

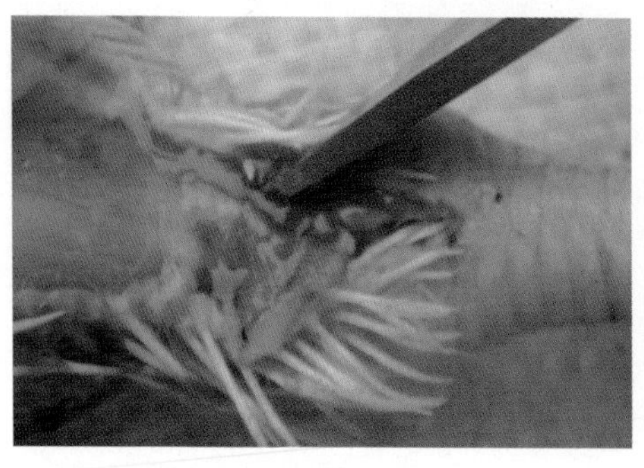
皮下胶冻样渗出物

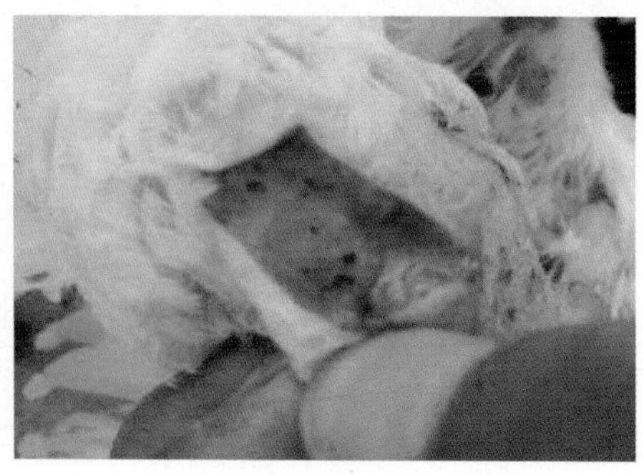
皮下有渗出物、出血点

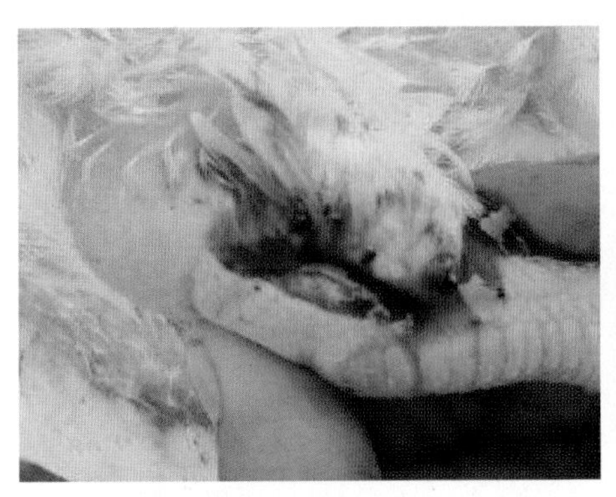

切开发青部位，见皮下淤血、出血

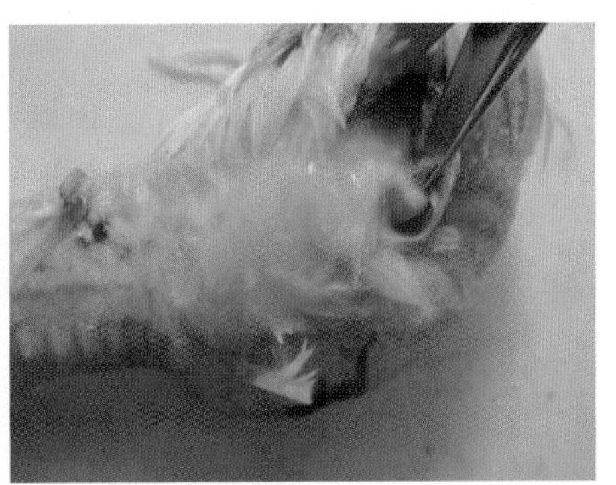

肉鸡跗关节感染，切开有脓汁

麻鸡关节切开后，有脓汁流出，说明有继发细菌感染

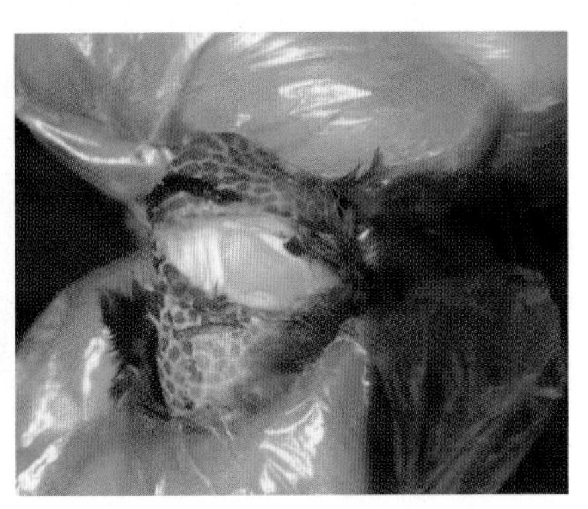

麻鸡关节切开，有黄色纤维素物渗出

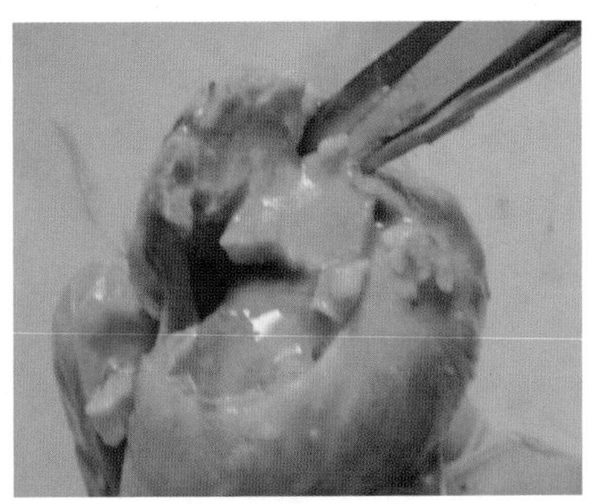

皮下有片状干酪样物

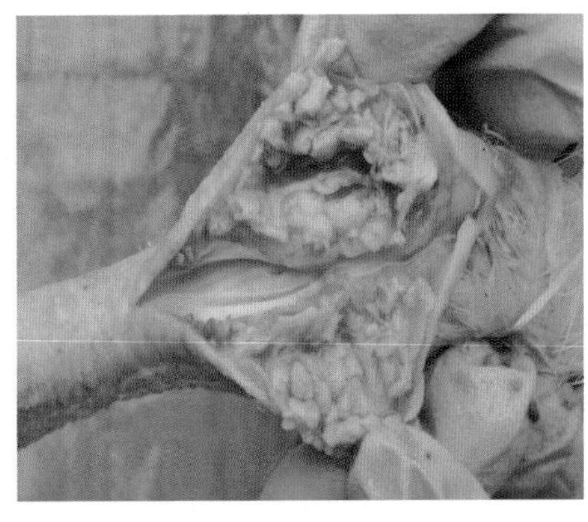

腱鞘内有颗粒状干酪样物

屈肌腱切面水肿，呈黄色

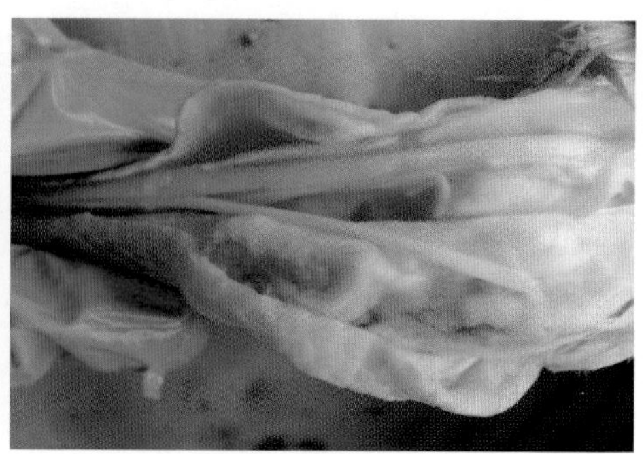

腱鞘腔出血、水肿

切开腱鞘，流出脓汁

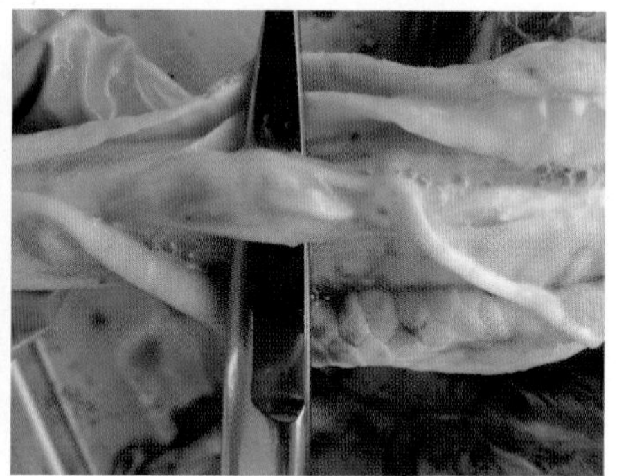

肌腱损伤并有断裂

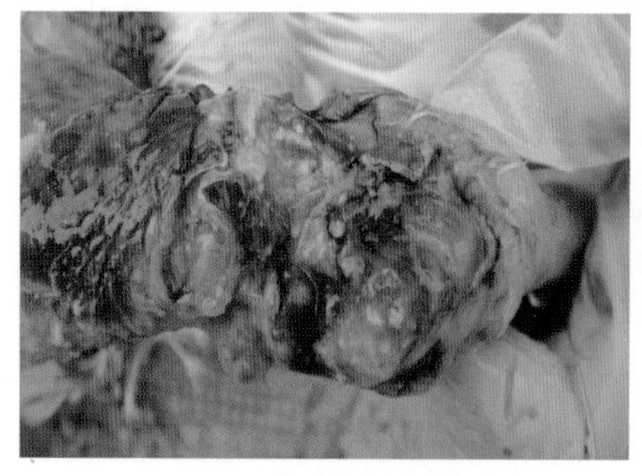

关节周围多处化脓，腱断裂

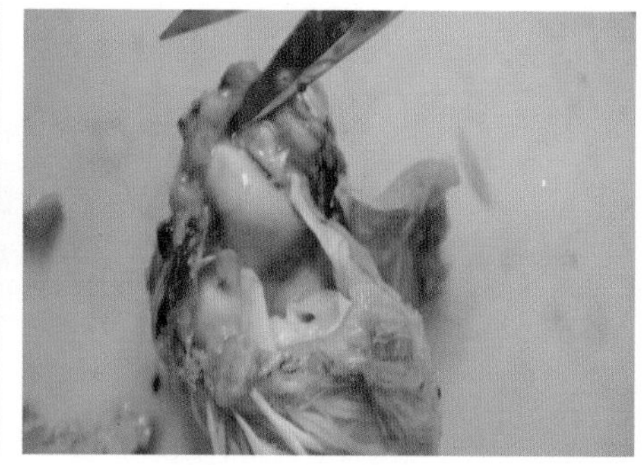

跗关节：关节液混浊，带血色

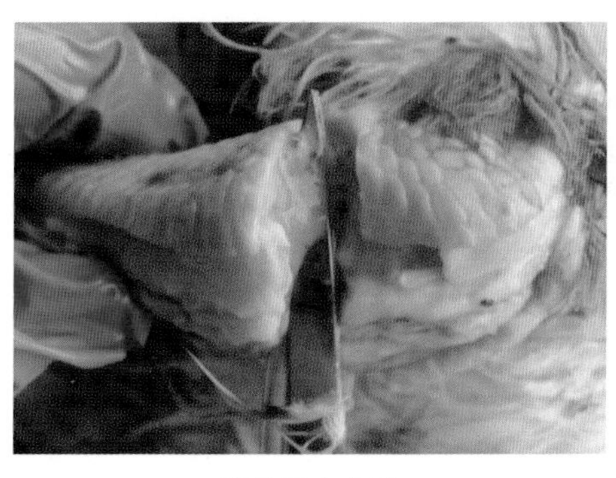

关节腔内化脓

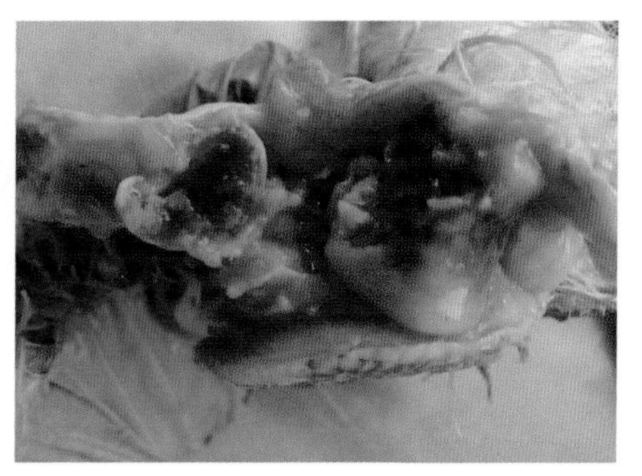

跖骨关节面严重受损

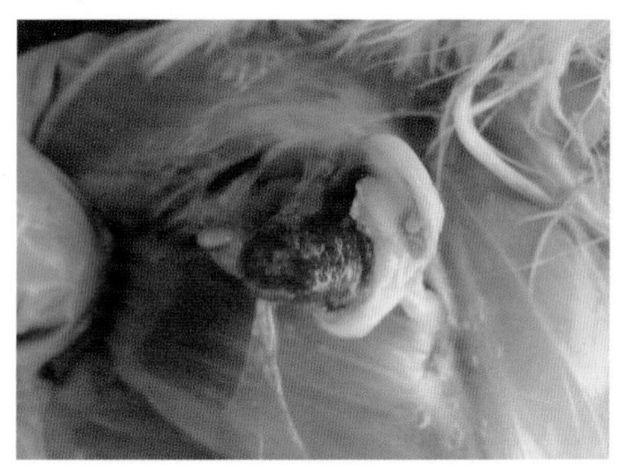

股骨头关节面受损，骨膜脱失

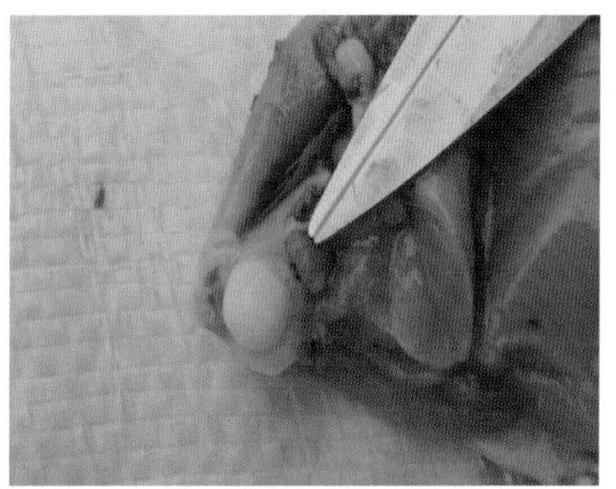

正常股骨头骨膜呈白色

【诊断要点】

（1）临床特征：关节肿胀，行走不便，伏卧不动，挣扎采食。

（2）剖检变化：皮下淤血、化脓，肌腱断裂，滑膜炎症。

确诊要进行血清学检查和病毒分离。

（3）鉴别诊断：主要与滑膜型支原体相鉴别。病毒性关节炎主要侵害跗关节及其以上关节，肿胀、化脓，腱损伤断裂。滑膜炎则主要是趾关节、脚垫、胸部皮下黏液囊的肿胀和化脓。

【防控措施】

（1）种鸡群免疫接种：种鸡开产前要免疫 3 次，弱毒苗和灭活苗的抗原广泛。有条件的，要确定当地流行病毒的血清型后，再选择有针对性的疫苗接种。

（2）目前还没有有效方法治疗该病，一般多用中药或生物制品，以提高免疫力。

（3）单纯的病毒性关节炎本身是不会化脓的，化脓意味着并发或继发感染，所以要结合脓汁颜色、气味及浓稠度，选择有效的抗生素对症治疗，必要时做药敏实验。

十、传染性贫血病

鸡传染性贫血病是由鸡传染性贫血病毒引起的，以雏鸡再生障碍性贫血、全身性淋巴组织萎缩为特征的一种免疫抑制性疾病，经常合并或继发感染，危害很大。本病于 1979 年首次在日本发现，相继在多个发达国家分离到鸡传染性贫血病毒。我国李孝欣等 1992 年从发病鸡群中分离到病毒，从而确证该病在我国的存在。根据近年来的流行病学调查，此病在我国鸡群中的感染率为 40%~70%，特别是肉鸡。本病已呈世界性分布，国内肉鸡传染性贫血病近年来有上升趋势，本病主要以垂直传播为主，商品鸡群中的白腿、白爪、白冠、贫血病例时有发生。

【病因及传播途径】鸡贫血病毒属圆环病毒科，病毒颗粒较小，最早称为“传染性贫血因子”，与马立克病、传染性法氏囊炎、网状内皮细胞增生症等病毒关系密切。

经蛋垂直传播是本病最主要的传播途径；感染公鸡的精液也可造成鸡胚感染；通过口腔、消化道和呼吸道等途径水平传播；发病康复鸡可产生中和抗体。2~3 周龄肉雏鸡易感；公鸡易感；发病率较高，能波及全群，但死亡率为 5%；无明显季节性。

一旦雏鸡感染此病毒，易刺激机体正在发育中的淋巴组织，造成 T、B 淋巴细胞的否定性选择，造成淋巴细胞死亡，胸腺、法氏囊等器官的萎缩和形成免疫抑制，继发感染其他疾病。

【临床症状】本病特征性症状是贫血。一般鸡 14~16 日龄为发病高峰。病鸡表现为沉郁，虚弱，行动迟缓，羽毛松乱，喙、肉髯、面部皮肤和可视黏膜苍白，生长不良，体重下降；临死前拉稀。有的病鸡翅尖出血；有的皮下出血、淤血，呈紫色（蓝翅病）；有的濒死腹泻；有的皮下水肿。

病鸡血液稀薄如水，红细胞压积值降到 20% 以下（正常值在 30% 以上，降到 27% 以下便为贫血），红细胞数低于 200 万个 / 毫米 ^{3}。

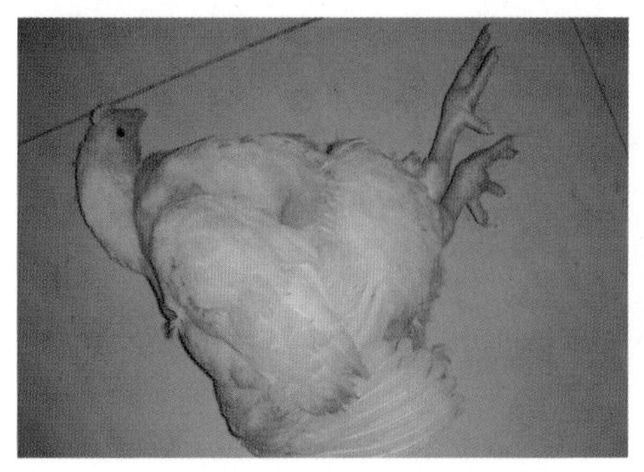

病鸡白冠贫血

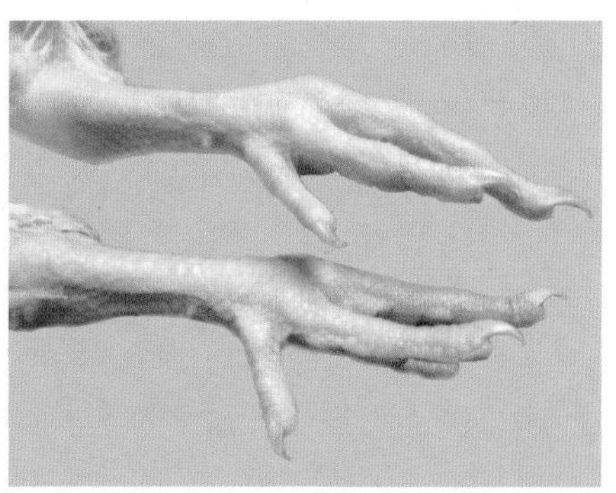

病鸡白腿、白爪，贫血

病鸡翅边翅尖出血、糜烂，发青

肉鸡翅膀淤血、出血，俗称“蓝翅病”

【剖检变化】常见皮下水肿，骨骼肌轻度出血，腺胃固有层黏膜出血、贫血，肌胃高度贫血且黏膜糜烂溃疡；胸腺贫血萎缩，法氏囊萎缩消失；肝脏、脾脏、心脏黄染、颜色变淡，骨髓萎缩、颜色变淡等。

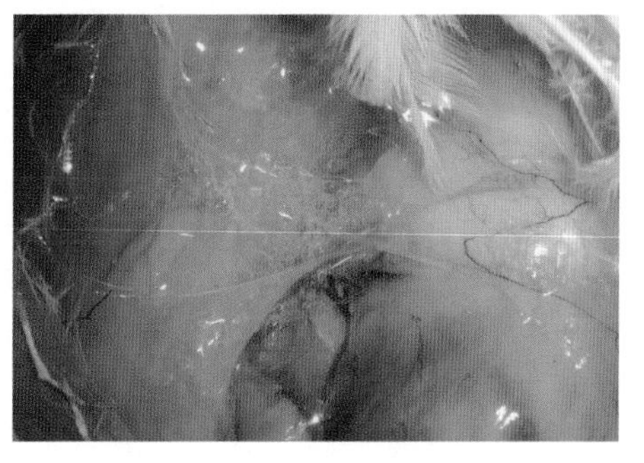

皮下明显水肿

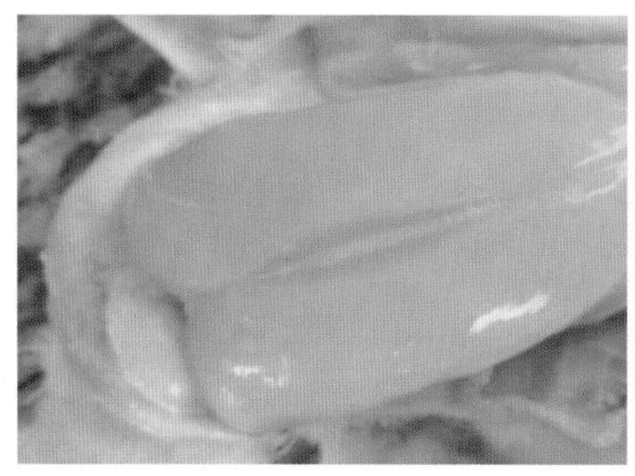

胸肌苍白、贫血

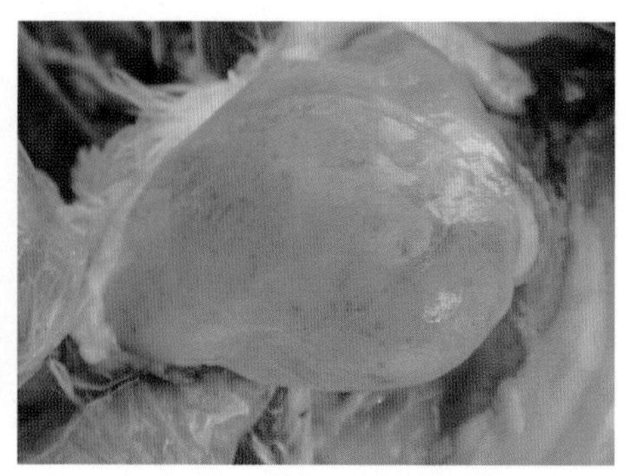

腿肌颜色变淡，轻度出血

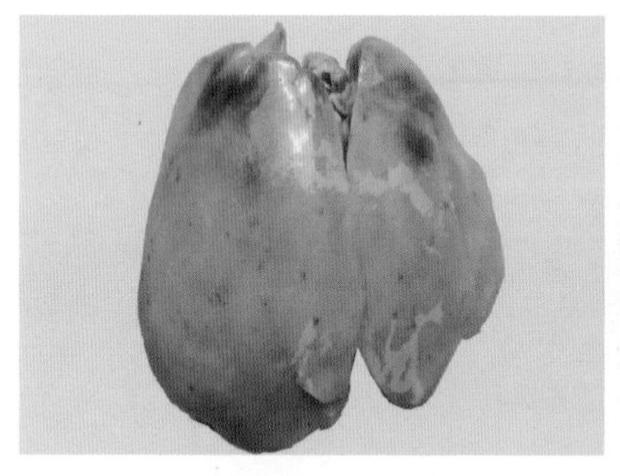

肝脏颜色变淡，轻微出血

心脏颜色变淡，变钝圆

脾脏颜色变淡，出血、贫血

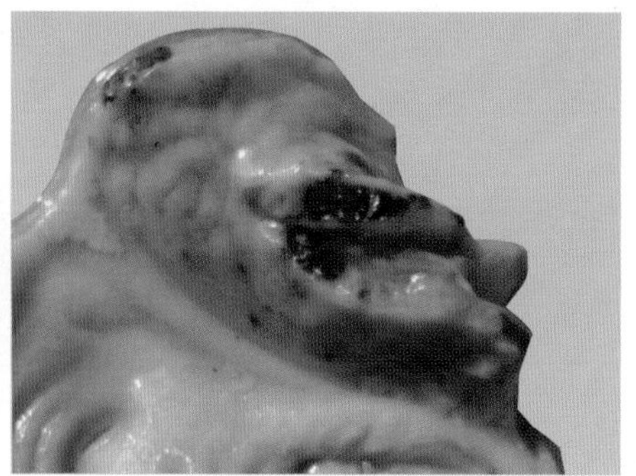

腺胃水肿、出血

腺胃贫血、苍白

肌胃贫血、糜烂

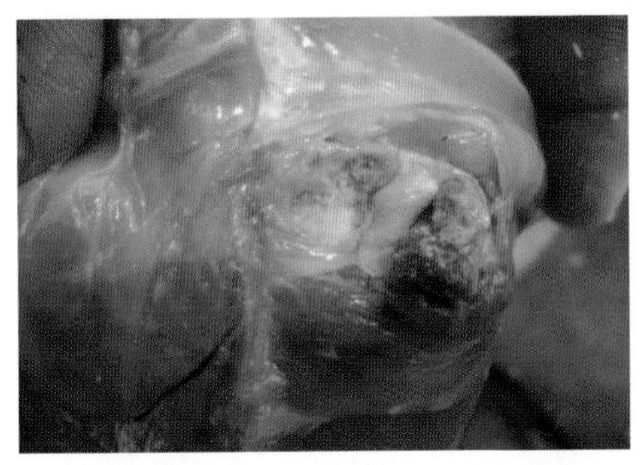

股骨骨髓萎缩，呈淡黄色，即骨髓抑制

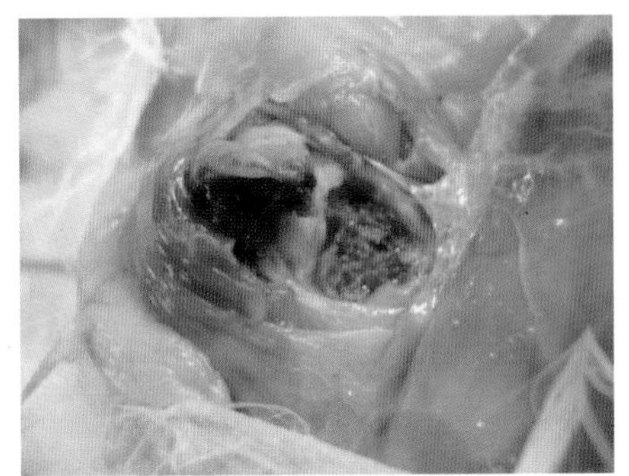

正常的股骨骨髓呈红色、暗紫色

【诊断要点】

（1）临床特征：白腿、白冠，不增料，腹泻，消瘦，翅出血。

（2）剖检变化：心、肝、脾脏贫血，免疫器官萎缩。

【防控措施】

（1）目前国内已有传染性贫血病疫苗上市应用。

（2）种鸡及时接种传染性法氏囊疫苗和马立克病疫苗，加强饲养管理及兽医卫生措施，防止由环境因素及其他传染病导致的免疫抑制。

（3）雏鸡进舍后前 5 天，可应用小肽制剂饮水，促进免疫器官发育。

（4）目前此病尚无特异性治疗方法，只能加强检疫，防止引入带毒鸡。发病鸡群可选用抗生素，减少和控制继发感染。

十一、鸡痘

鸡痘是一种急性、接触性传染病，临床特征是在鸡无毛或少毛的皮肤上发生痘疹，在口腔、咽喉部黏膜形成纤维素性坏死性假膜。在集体或大型鸡场易造成流行，鸡只发热死亡。

【病原及传播途径】鸡痘病毒属于双股 DNA 病毒目、痘病毒科、禽痘病毒属。

夏秋季节多发病；健康鸡与病鸡接触易传染；蚊子与野鸟是本病的传播者；肉鸡感染会造成生长迟缓，或继发其他疾病而死亡。即便在东北地区的 11 月，白羽肉鸡也时有发病；杂交肉鸡多因混合感染葡萄球菌、大肠杆菌而死亡。

【症状与病变】临床上常把鸡痘分为 3 种类型：

（1）皮肤型：在鸡冠、眼圈、口角、鼻孔周围、肉垂和体部无毛和少毛等部位，长有白色小疱疹，逐渐变为黄色，最后变为棕黑色痂皮。此型鸡痘较普遍。

黄鸡冠有少量痘疹，呈棕黑色

（2）黏膜型：病鸡口腔、喉头

肉种公鸡鸡冠长有鸡痘

肉鸡冠尖、鼻孔痘疹

及气管黏膜长有痘疹，可引起呼吸困难，脸部肿胀，流泪，口腔及舌头有黄白色溃疡或形成假膜。此型鸡痘死亡率较高。

（3）混合型：以上两类型可同时发生，死亡率较高。

肉杂鸡眼睑长满棕褐色痘疹

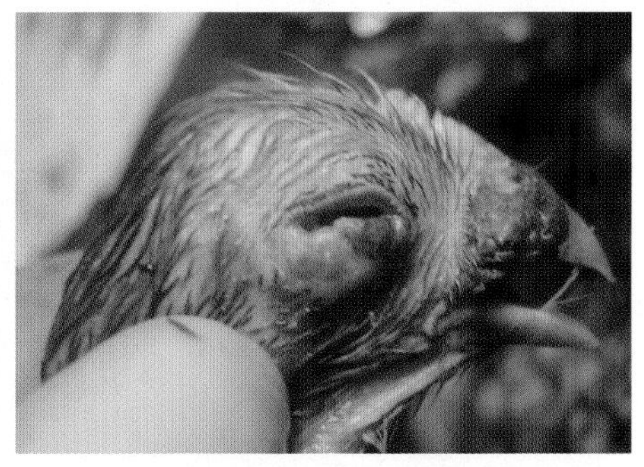

黄鸡眼睑及鼻孔周围大量痘疹结节

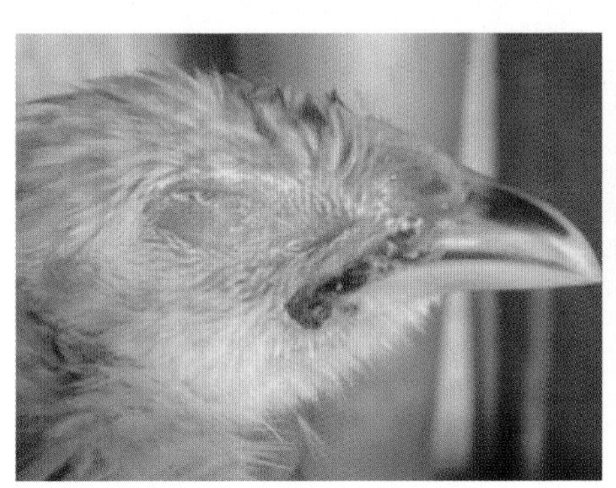

口角密布棕褐色痘疹

眼睑痘疹、结膜炎，流泪

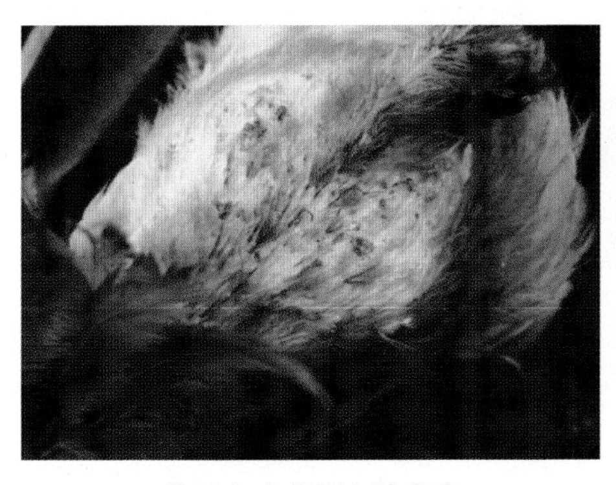

黄羽肉鸡背部皮肤痘疹

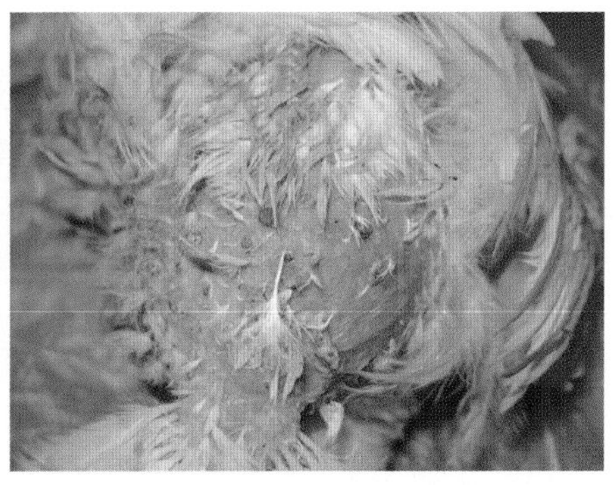

肉鸡腹部皮肤痘疹

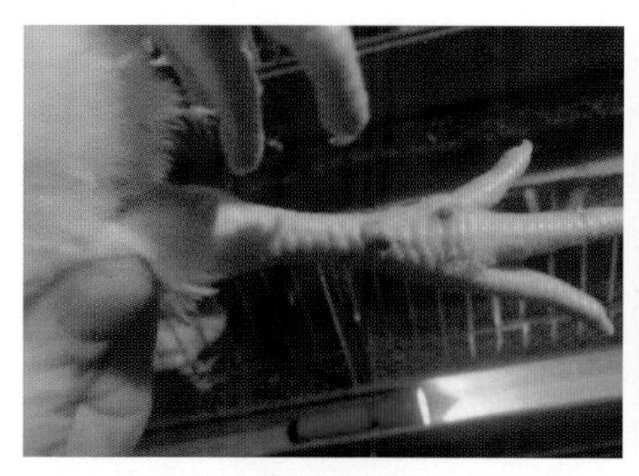

腿部皮肤痘疹

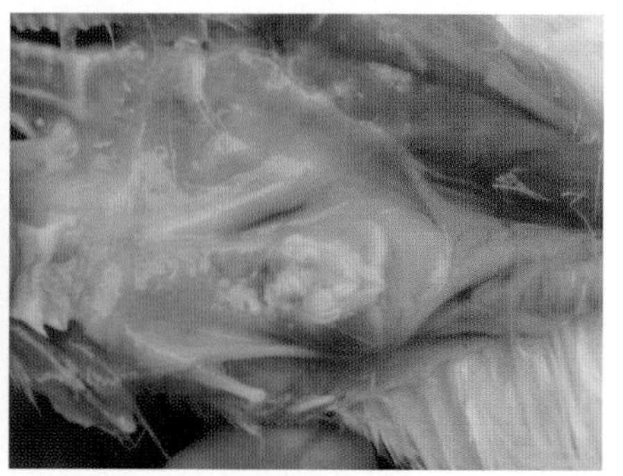

喉头：黏膜型鸡痘，形成栓塞

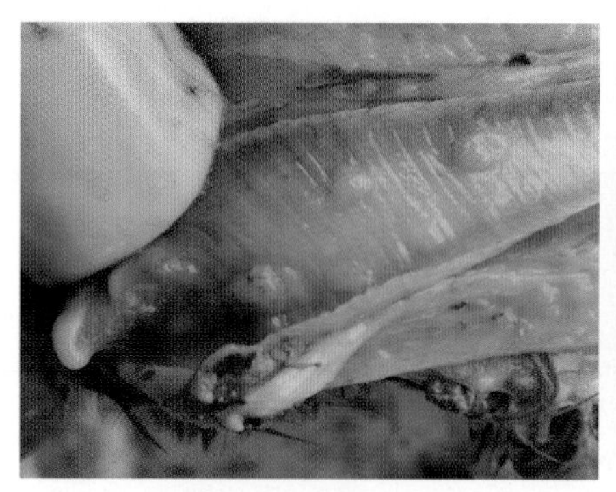

气管黏膜性痘疹，凸起

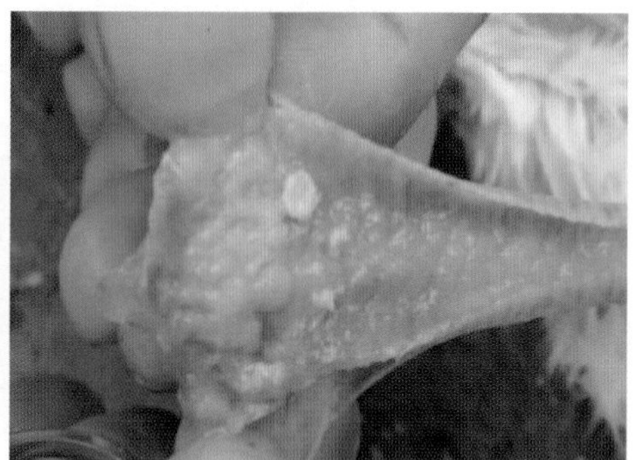

喉头局部黏膜痘疹，凸起

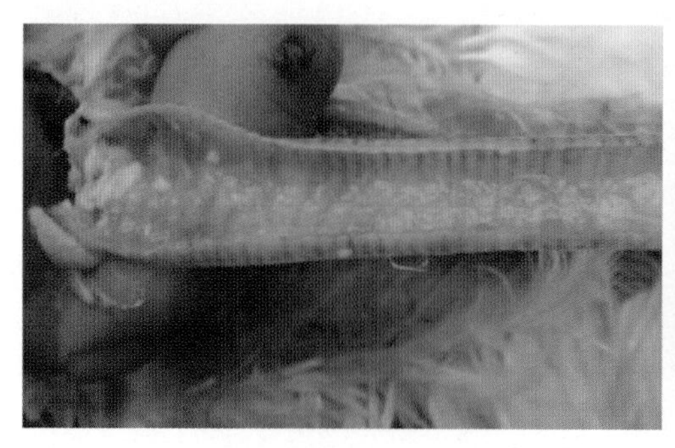

气管黏膜痘疹结节

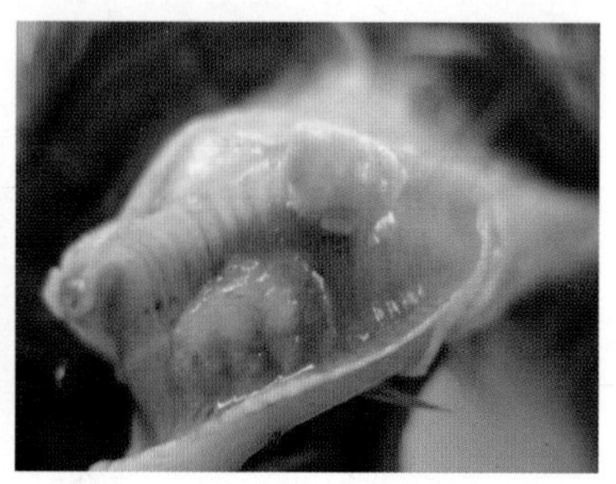

气管黏膜鸡痘，创面结痂

【诊断要点】季节性强，皮肤有痘，气管黏膜痘疹，混合感染而死亡。

【防控措施】

（1）痘苗免疫：采用翼膜穿刺法接种，适用于7日龄以上鸡。若鸡只处于危险地区，尽量提早接种温和鸡痘疫苗（小痘），甚至1~2日龄接种；黄鸡在6~12周龄补种一次沙氏鸡痘疫苗（大痘）。

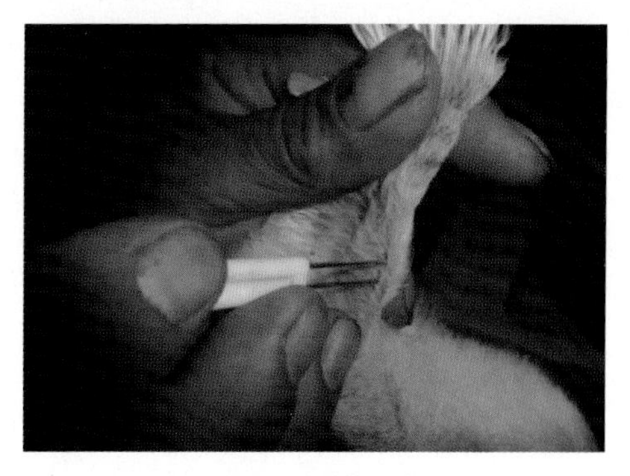

正确的刺鸡方式

将疫苗稀释10~50倍，用刺痘针（或钢笔尖）蘸取疫苗，刺种在鸡翅膀内侧无血管处皮下。接种7天刺种部位红肿、起泡，逐渐干燥结痂而脱落，免疫期为5个月。

现在有痘苗或喉痘二联苗，可供注射免疫。

（2）搞好环境消毒卫生，消灭蚊、蠓和鸡虱、鸡螨等。

（3）及时隔离或淘汰病鸡，彻底消毒场地及用具。

【规范用药】

（1）采用抗病毒中药或生物制剂饮水。

（2）广谱抗生素 + 退热药，饮水。

（3）电解多维或复合维生素B饮水。

第二章 细菌性疾病

一、沙门菌病

鸡沙门菌病是由某些特定血清型沙门菌所引起的，一类常见多发病的总称。沙门菌病普遍存在于集约化养鸡场，是重要的卵传细菌性传染病之一。雏鸡沙门菌病又叫雏鸡白痢，如果控制不好，死亡率可高达40%以上。

【病原及传播途径】鸡沙门菌属肠杆菌科，该属细菌抗原结构复杂，血清型众多。该属细菌危害大的主要为鸡白痢沙门菌、鸡伤寒沙门菌和禽副伤寒沙门菌。沙门菌的抵抗力较强，能在鸡舍内生存2年。鸡沙门菌是胞内寄生菌，易产生耐药性，能躲进动物体细胞内，避开药物的攻击，使该病难以治愈，且病原难以消除。

雏鸡白痢除垂直传播外，经孵化器可水平传播，7日龄雏鸡死亡率高。近年来肉鸡、黄鸡群多发病，导致整个养鸡周期都受到严重影响。

【临床症状】

（1）鸡白痢：2~7日龄雏鸡症状明显，有的无症状死亡，怕冷，聚群，两翅下垂，“啾啾”呻吟；有的白色下痢，糊肛、努责；有的腹部胀满，脐孔发炎等。

（2）鸡伤寒：成年鸡精神委顿，羽毛松乱；排黄绿色稀粪，肛门周围羽毛被粪便粘污；鸡冠和肉垂贫血，苍白而皱缩；初期只有个别鸡发病，很快波及全群达90%以上；急性病例体温在43~44℃，7天死亡。

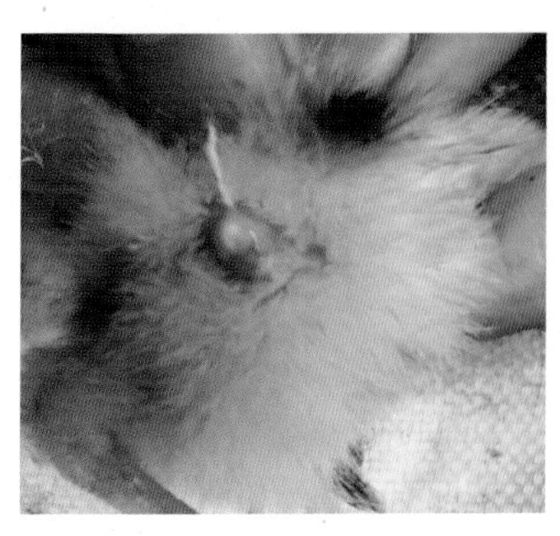

黄鸡糊肛

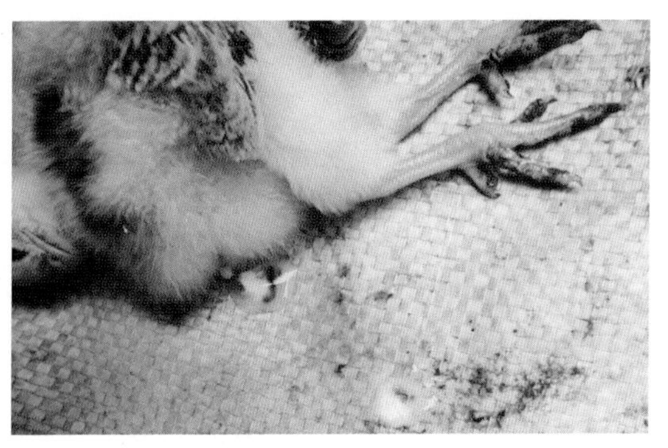

黄鸡：雏鸡白痢

白羽肉鸡粪便糊肛，肛周粘染

死亡雏鸡喙尖发青，呈紫色

【病理变化】雏鸡常见卵黄巨大，吸收不良，有的卵泡变绿、变性，有的卵泡孵化期间即漏出于腹腔之外；肝脏高度肿大数倍，表面有许多针尖状、粟粒状的灰白色或黄白色坏死点。

成年鸡急性病例常无明显病变，亚急性、慢性病例以肝肿大，呈绿褐色或青铜色为特征；肝脏有粟粒状、白色坏死灶；心肌有灰白色肉芽肿；肺脏有黄白色结节；卵泡充血、出血，变形及变色，常因卵泡破裂而引发腹膜炎。

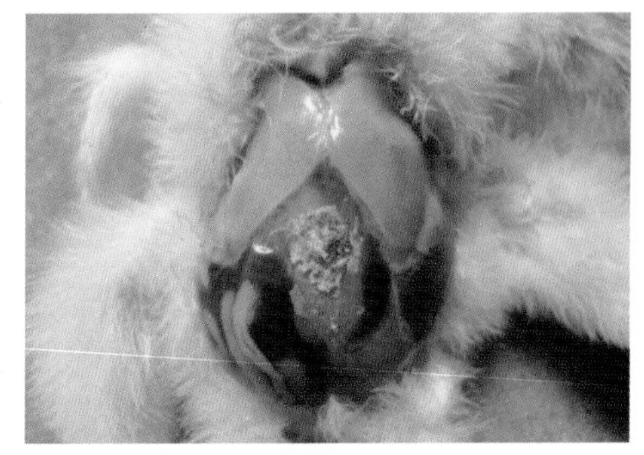

腹腔积血，脐孔污染发炎

切开腹壁，见卵黄呈绿色

卵黄吸收不良呈液化状

卵黄坏死，发紫，硬固

卵黄坏死，呈紫葡萄状

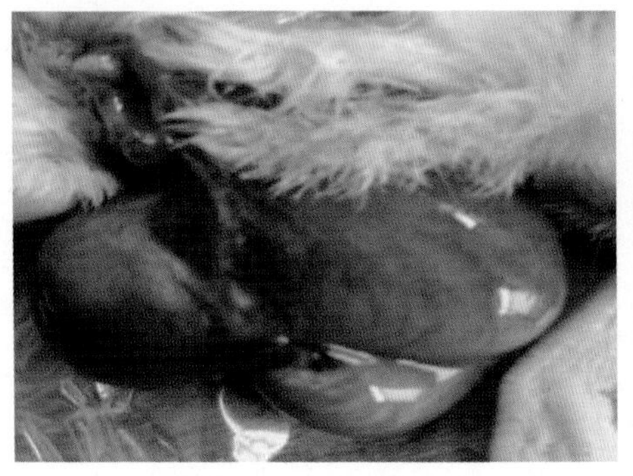
卵黄巨大，未被吸收

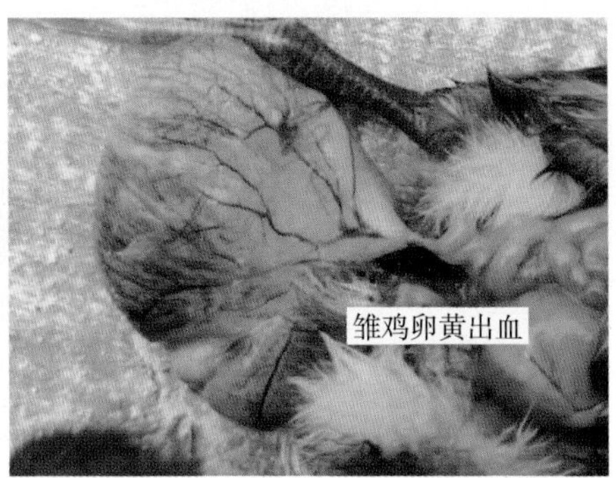

卵黄淤血

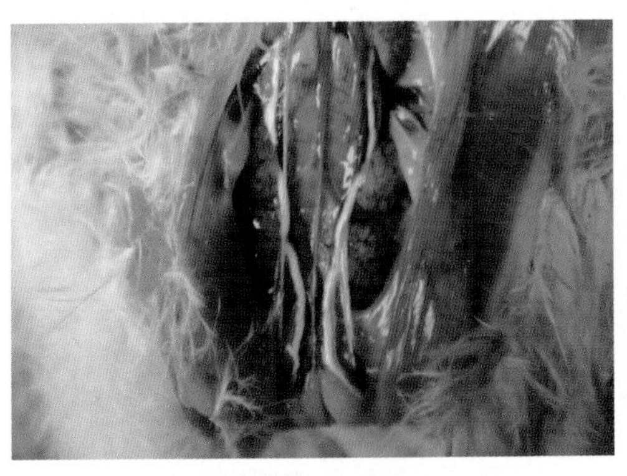

输尿管沉积尿酸盐

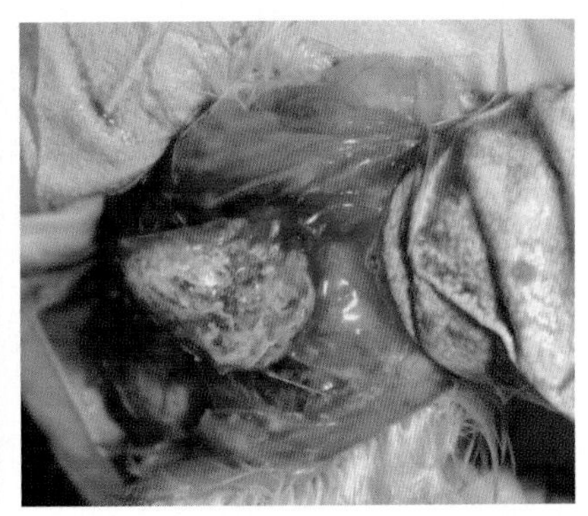

心包增厚，尿酸盐沉积

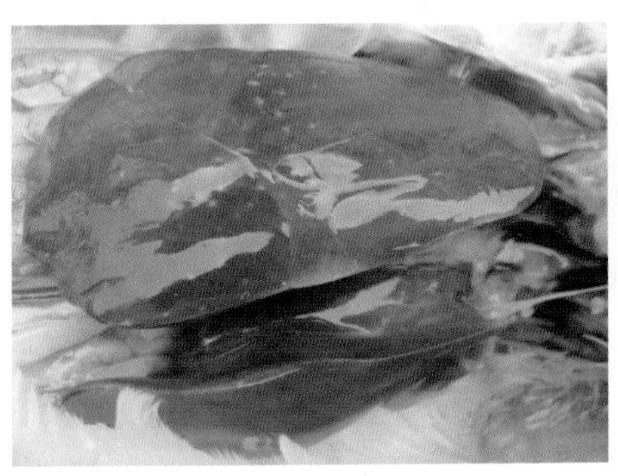

肝脏有多量黄白色坏死点

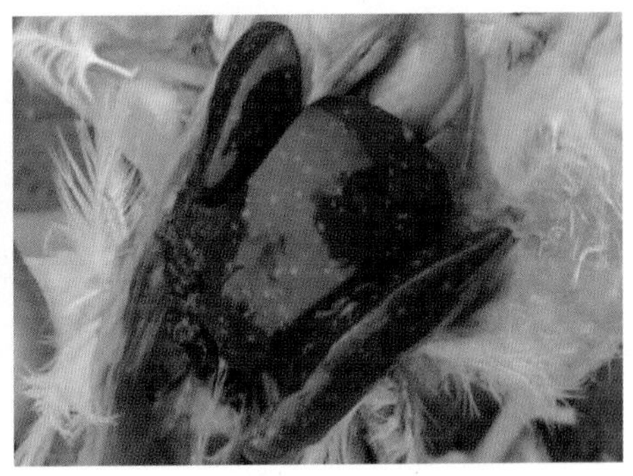

成鸡肝脏有多量黄白色坏死灶

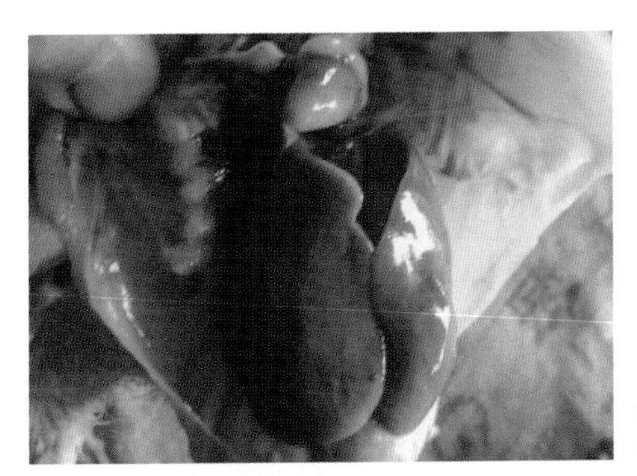

肝脏呈轻度青铜色

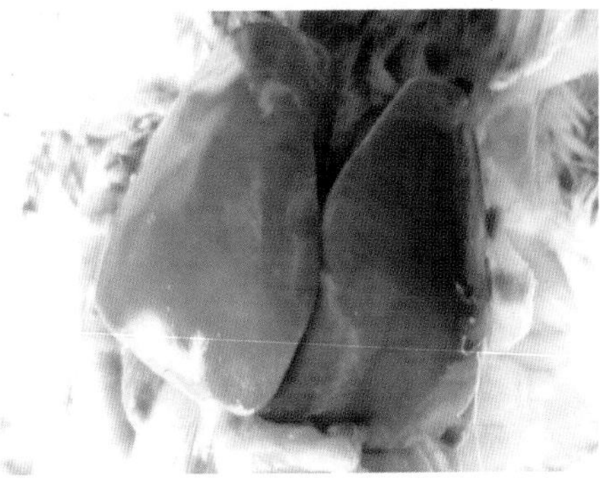

肝脏呈重度青铜色

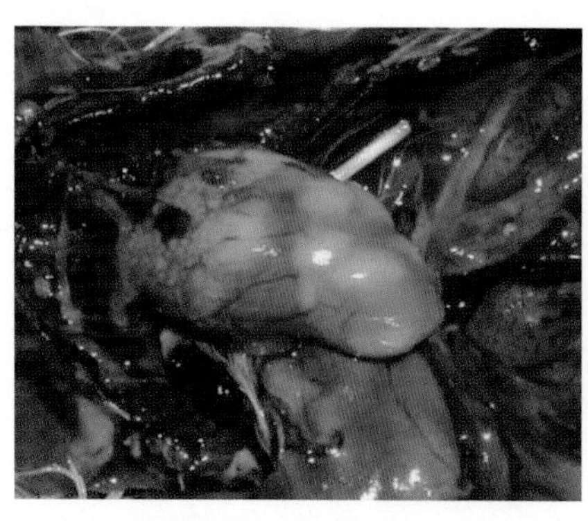
黄鸡心肌有白痢结节

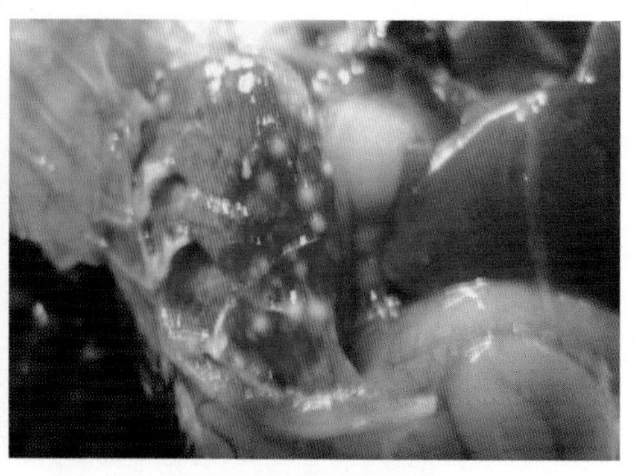
肺脏有黄白色白痢结节

胰腺有白痢结节

直肠黏膜有白痢结节

【诊断要点】

（1）临床特征：白痢，糊肛，脐带炎。

（2）剖检变化：卵黄吸收不良，肝脏白色坏死点，慢性者有白痢结节。

【防控措施】

（1）做好鸡群净化工作。坚持“自繁自养”，谨慎从外地引进种蛋。对健康种鸡群，每年春、秋两季要定期采用血清凝集试验全面检测和不定期抽检；对 40 日龄以上的中雏鸡也可进行检测，以淘汰阳性鸡和可疑鸡。尽管鸡群净化耗时费力，但这是必行之路。

（2）做好鸡舍的环境控制工作。若发现病鸡，要立即淘汰或隔离消毒。管理条件较好、生物安全措施比较完善的鸡场，发病率明显偏低。

（3）应用微生态制剂和酸化剂非常有必要。

【规范用药】

（1）近年来鸡沙门菌耐药性菌株明显增多，要根据药敏试验结果选择敏感药物，及时投喂。

（2）常用抗生素包括头孢类、恩诺沙星、安普霉素、氟苯尼考等，饮水。

（3）临床选用中药、肽制剂、酶制剂和微生态制剂，效果更佳。

二、大肠杆菌病

鸡大肠杆菌病是由某些致病血清型或条件性致病大肠杆菌引起的不同疾病的总称。该病临床症状复杂，药效不佳，临床治疗棘手，且病死率非常高，是当前规模化鸡场危害较大的主要疾病之一。

【病原及传播途径】大肠杆菌为肠道杆菌科大肠埃希杆菌，简称大肠杆菌，有 100 余种血清型。

大肠杆菌对干燥环境抵抗力强，在粪便、垫草、鸡舍内尘埃等处附着的菌体可长期存活。经蛋、呼吸道、消化道感染等途径传播。由于大肠杆菌分布广泛，当各种应激因素造成机体免疫功能下降时，就会引起发病。不同日龄肉鸡都能感染，近年来 10 日龄雏鸡易感性更高。

【症状与病变】雏鸡在 6~10 日龄发病，精神沉郁，采食量减少，羽毛松乱，死亡率较高；成年鸡零星死亡，持续时间长；有的鸡眼结膜发炎，流泪，混有气泡样分泌物；有的鸡肛门突出外翻，排黄白色或黄绿色黏稠稀便；有的出现轻微呼吸道症状。

败血型大肠杆菌鸡皮肤红紫色，突然死亡；常见有纤维素性气囊炎、纤维素性心包炎和纤维素性肝周炎；跗关节和指关节肿胀、皮下出血、黑紫、溃烂等；腹膜炎指腹腔内积液，胀满，有纤维素渗出物，粘连等；眼炎可见流泪呈泡沫状，角膜混浊，进而失明；脐炎为脐孔红肿发炎等。近年来出现了一种以腺胃呈青紫色的大肠杆菌病。

大批死鸡皮肤红紫，腹部胀满

眼型大肠杆菌病：眼内泡沫，角膜混浊，失明

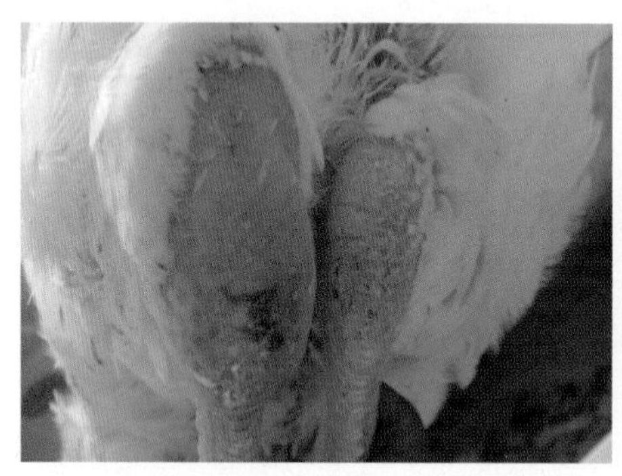

跗关节肿胀

部分鸡只肿头

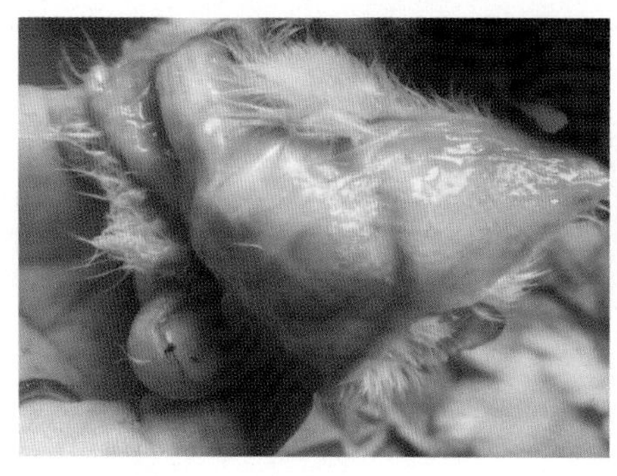

切开头部皮肤，皮下水肿，有胶冻样渗出物

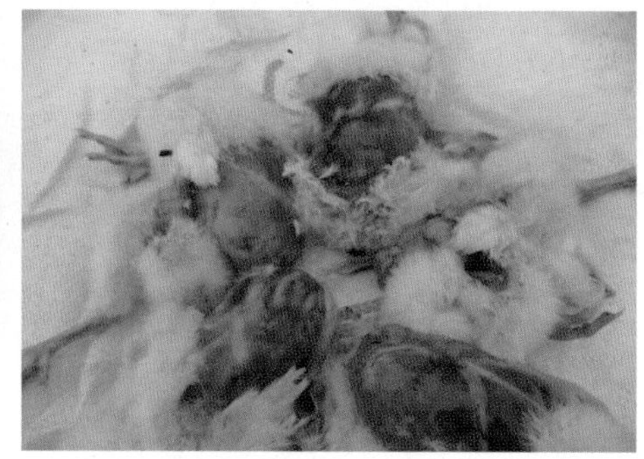

雏鸡腹胀，内呈黄色，有纤维素渗出物

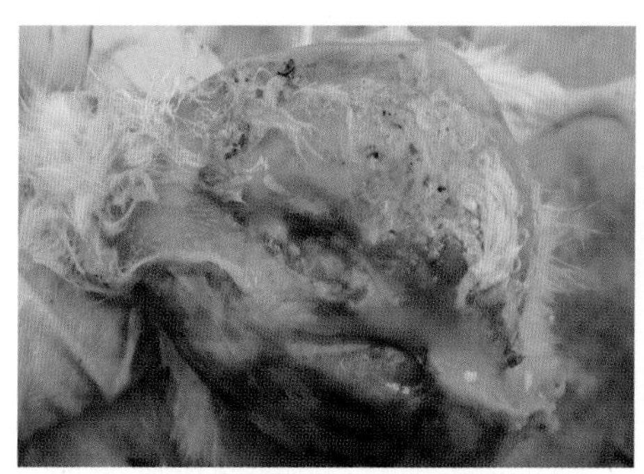

雏鸡腹壁穿孔，严重腹膜炎

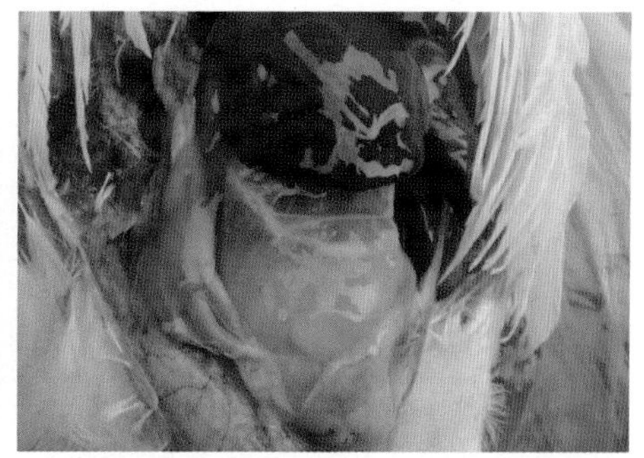

肝脏高度肿胀，有黄色纤维素渗出物

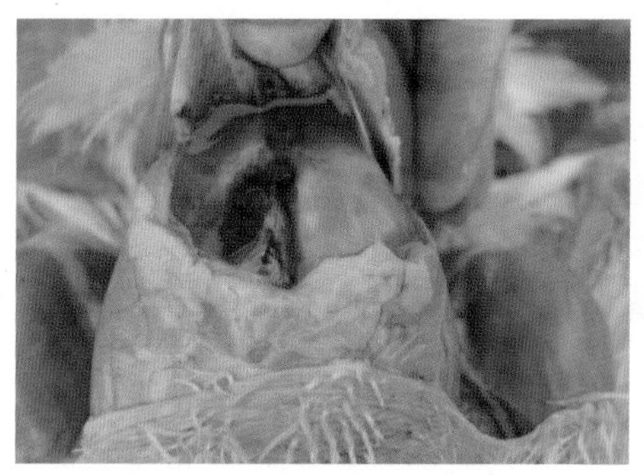

肝脏黄绿色纤维素渗出物

肝脏轻度白色纤维素渗出物，心包白色纤维素渗出物

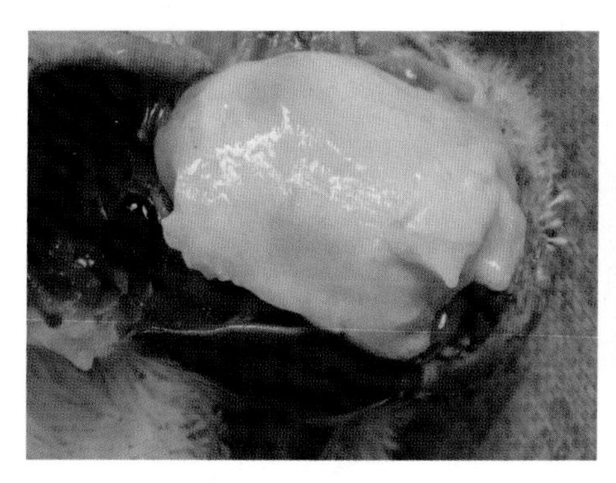

肝脏重度纤维素渗出物

肝周炎、心包炎、气囊炎

严重包心、包肝、包气囊

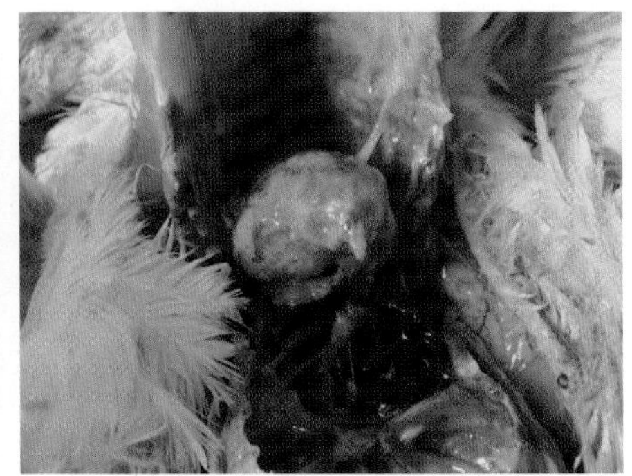

心包附着黄色纤维素渗出物

心包纤维素形成，血管增生

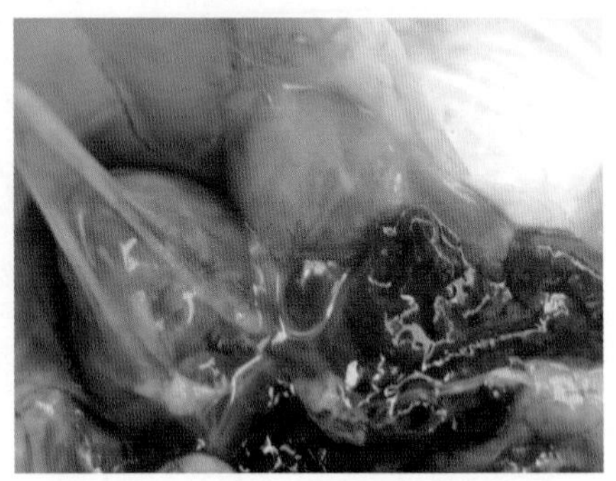

轻度胸气囊炎

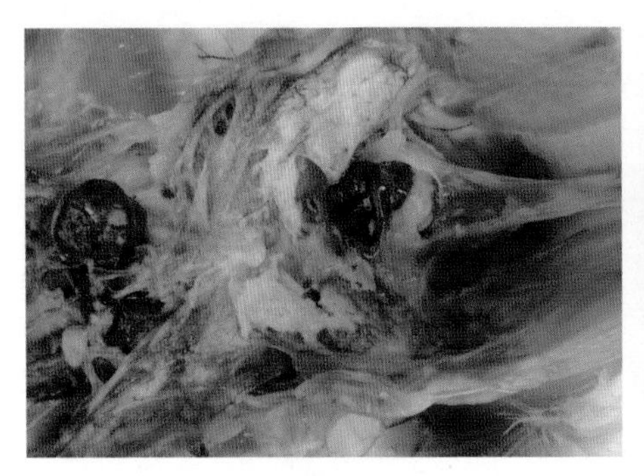

重度胸气囊炎

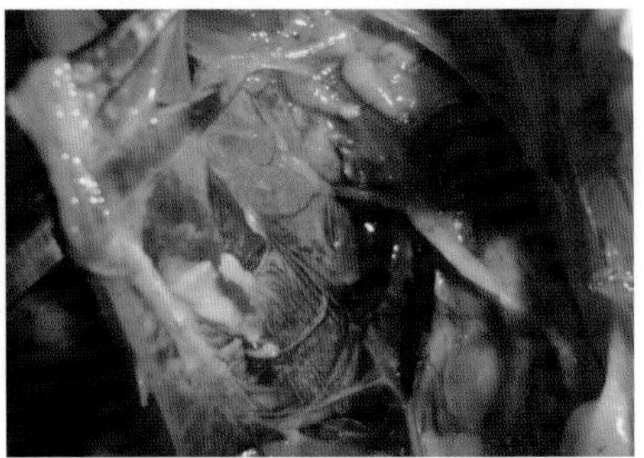

腹气囊炎

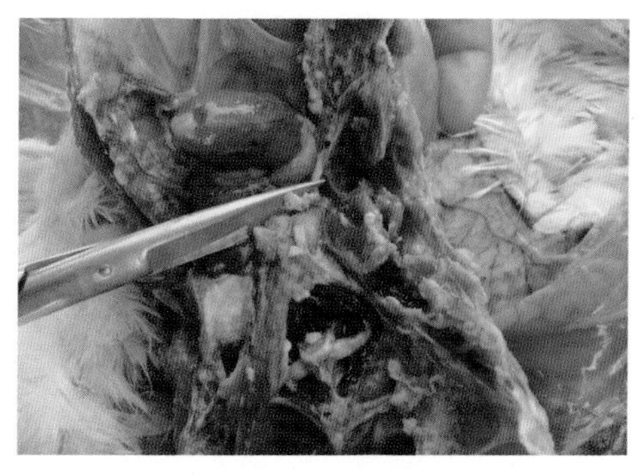

严重的胸、腹气囊炎

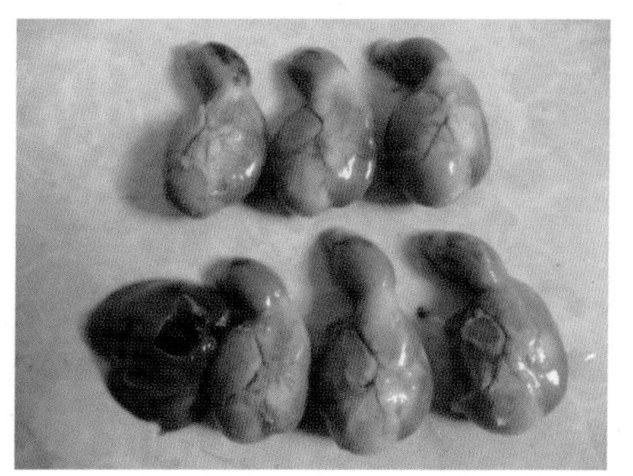

腺胃青紫色，肝脏败血症状

腺胃壁呈青紫色

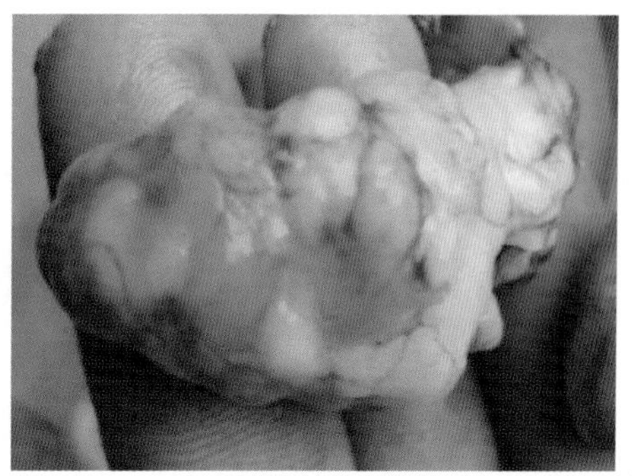

心肌有大肠杆菌病结节

【诊断要点】

（1）临床特征：眼流泡沫，皮肤红紫，黄绿粪便，腹部胀满。

（2）剖检变化：以心包炎、肝周炎、气囊炎、腹膜炎为主。

【防控措施】

（1）检测饮用水：很多鸡场使用的地下水大肠杆菌超标，因此，各鸡场应经常检测用水，以便采取净水措施。

（2）微生态制剂的应用：在饲料中定期拌入微生态制剂，以维持并调节肠道菌群平衡，对大肠杆菌病也有很好的抑制作用。

（3）注意舍内温度、消毒和通风管理，降低舍内氨气浓度，也是预防本病的关键措施。

（4）自制菌苗注射：选取典型菌落进行增殖培养，按常规法制成自家菌苗，经试验无不良反应后，可全群注射。每只鸡 1 毫升，间隔 7 天再加强免疫一次。

【规范用药】

（1）排除毒素：大肠杆菌毒素耐药，因此，在选择用药时要注意毒素的分解和排除。

（2）抗菌消炎：大肠杆菌对抗菌药物极易产生耐药性，通过药敏试验选用敏感抗菌药物。例如，头孢类、黏菌素、氨苄西林、阿莫西林、氟苯尼考、安普霉素、磷霉素等。

（3）制止渗出：纤维素渗出严重影响到心脏、肝脏功能，选用抑制渗出的药物。

（4）保护器官：选用保肝护肾、强心救肺的药物，降低死亡率。

另外，还可选用中药制剂、微生态制剂、精油制剂及特异性免疫乳酸菌等。

三、禽霍乱

禽巴氏杆菌病又称禽霍乱、禽出血性败血症，是一种侵害家禽和野禽的接触性疾病。该病常呈现败血症状，发病率和死亡率很高，也有慢性或良性经过。该病多在夏末、秋冬季流行。

【病原及传播途径】鸡禽霍乱病的病原是巴氏杆菌，革兰阴性，为需氧兼性厌氧菌。巴氏杆菌又分为溶血性巴氏杆菌、多杀性巴氏杆菌，并有4种不同的免疫学特性。

本病对鸡、鸭、鹅、火鸡等都有易感性，仅鹅易感性较差；黄鸡和肉种鸡群多发病；应激因素会促进发病。

病鸡口腔、鼻腔和眼结膜的分泌物污染饲料和饮水，传播该病。粪便中很少含有活的巴氏杆菌。

【临床症状】鸡群突然发病，羽毛蓬松，缩颈闭目，排出黄白色或黄绿色稀便；鸡冠和肉髯发紫，一侧或两侧肉髯肿大。用药后病情很快受到控制，但停药后会复发。

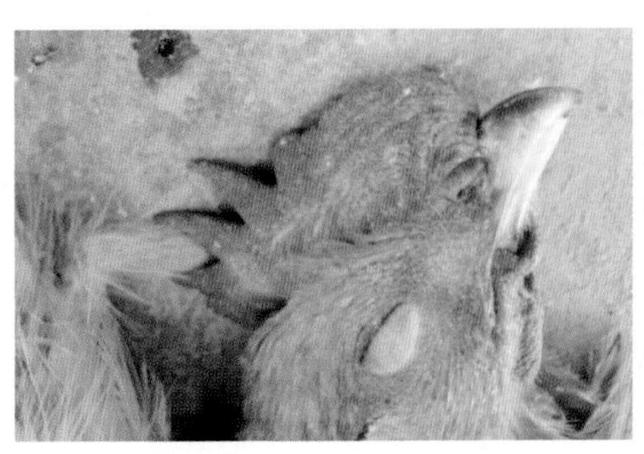

黄鸡冠发紫，突然死亡

排黄绿色稀便

【病理变化】全身性充血和出血。肝脏肿胀、充血，呈深紫色或黄红色，有大量散在的针尖或小米粒大的白色坏死点。肝脏实质变硬，呈熟肝样。肺淤血、水肿或出血。心冠脂肪、心内膜出血。十二指肠、直肠黏膜肿胀，弥漫性充血和出血，覆盖一层较厚的黄色纤维素渗出物，以十二指肠最为严重。浆膜下出血。心包液、腹腔液体增加。脾脏偶见肿胀和灰白色坏死点。

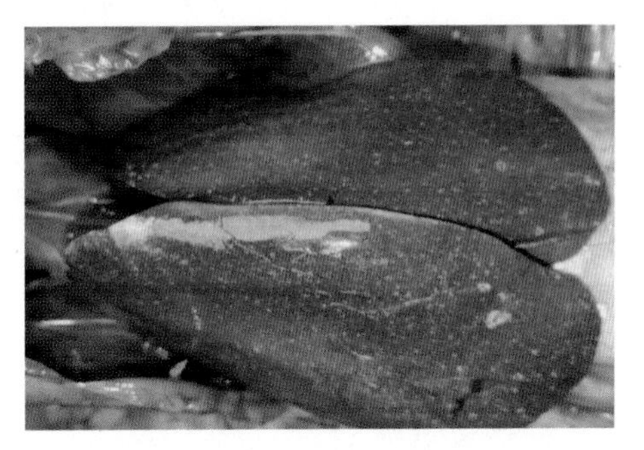

肝脏有弥漫性、针尖状、白色坏死灶

黄羽肉鸡肝脏针尖状白色坏死点

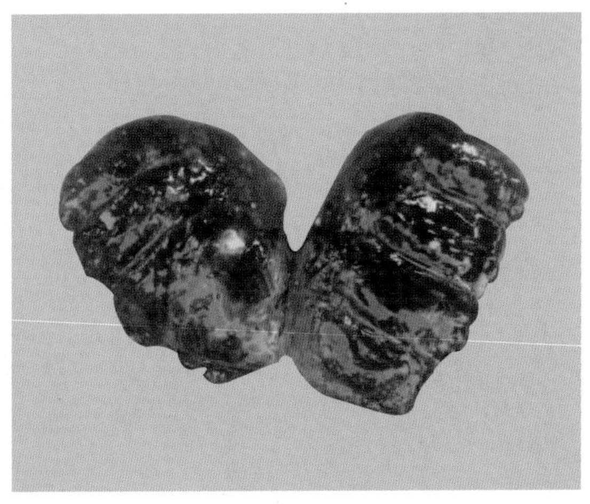

肺脏严重出血

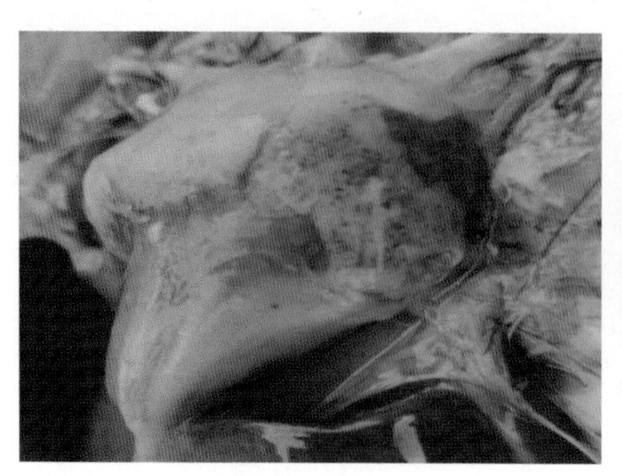

心冠脂肪弥漫性出血

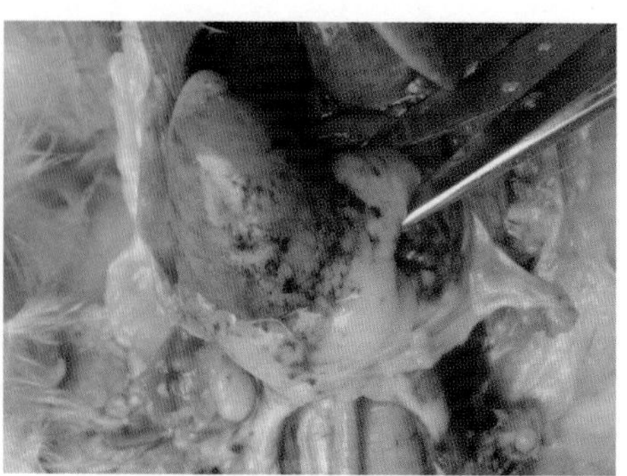

心冠脂肪出血，心肌外膜出血

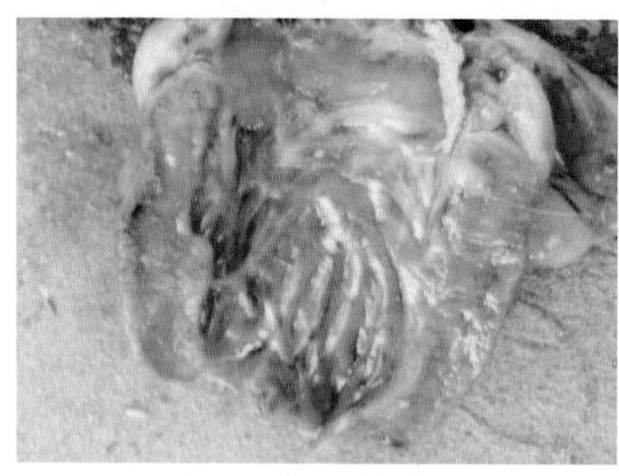

心肌内膜出血

脾脏败血症状，发黑

脾脏有白色坏死灶

空肠上端黏膜严重出血

【诊断要点】

（1）临床特征：鸡突然死亡，冠髯发紫，剧烈下痢。

（2）剖检变化：特征病变为肝脏针尖状白色坏死点。

【防控措施】

（1）环境控制：严格执行鸡场卫生防疫措施，采取“全进全出”饲养制度，可有效预防本病。

（2）严格执行定期消毒制度。

（3）疫苗接种：国内有较好的禽霍乱蜂胶灭活苗，安全可靠，易于注射，无毒副作用。

【规范用药】

（1）选择抗菌药物，包括头孢类、氨基糖苷类、喹诺酮类、氯霉素类等。

（2）通过药敏试验选择高敏抗菌药物。

（3）饮水或注射均可，用量要充足，疗程要合理；当鸡只死亡明显减少时，再继续拌料投药 1 周，防止复发。

（4）应用中药类、精油类、微生态制剂等。

四、弧菌性肝炎

鸡弧菌性肝炎是由弯曲杆菌引起的细菌性传染病。该病主要以肝脏出血、肝脏坏死并伴有脂肪浸润为主要特征。该病发病率高，但死亡率不定，高者 6 小时死亡可达 80%。

【病原及传播途径】该病原为弧菌科、弧菌属，革兰阴性，弯曲细长，呈弧形或逗点状的小杆菌；兼性厌氧，菌体刚硬，无芽孢和荚膜；运动非常活泼，呈穿梭状，在一定条件下可产生鞭毛。

病鸡和带菌鸡是主要传染源，通过粪便污染环境，经消化道感染健康鸡，多为散发或地方性流行。

雏鸡多发病，但近年来中低日龄黄鸡和开产蛋鸡也受侵害；病原长期污染饮水和饲料，是本病诱发的主要原因；应激因素特别是温差过大，易诱发本病。

【临床症状】病鸡沉郁，呆立不动。肉鸡食欲减退，喜饮水；剧烈腹泻，排奶油样、黄褐色、糊状粪便，继而水样粪便。全群鸡死亡率1%左右，有的7日龄雏鸡死亡率高达80%。

肉鸡急性死亡，有腹泻

【病理变化】病变特征是肝肿大，有大小不一的星状、条状、弯曲状、锯齿状、黄白色坏死灶；肝脏包膜有不规则出血，有的包膜下有血泡；心脏扩张，心肌混浊。

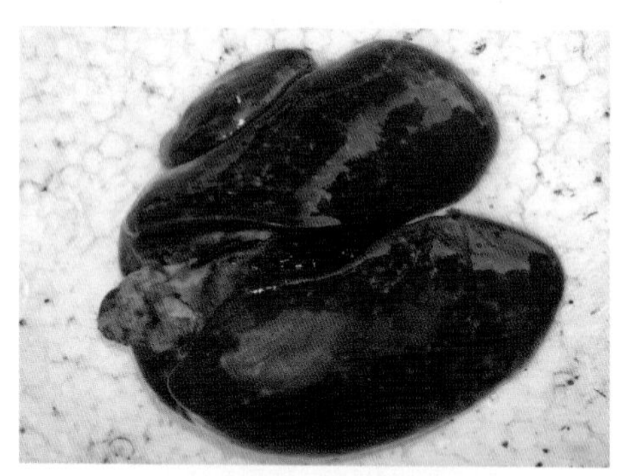

肝脏有大量星状黄白色死灶

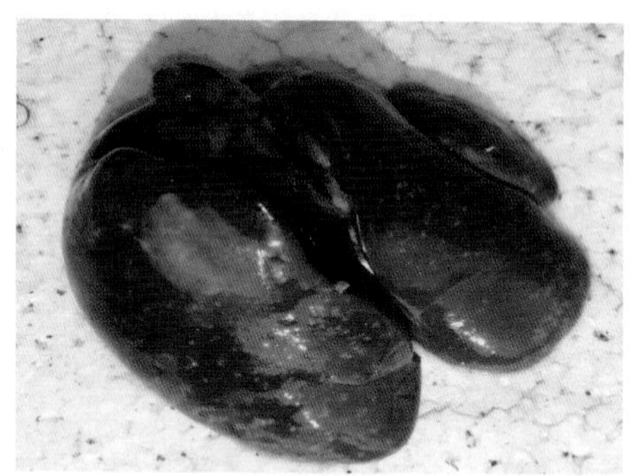

肝脏条状坏死灶

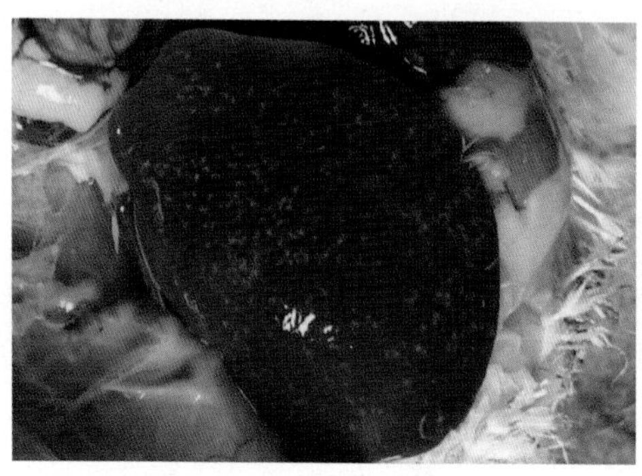

肝脏弧形白色坏死灶

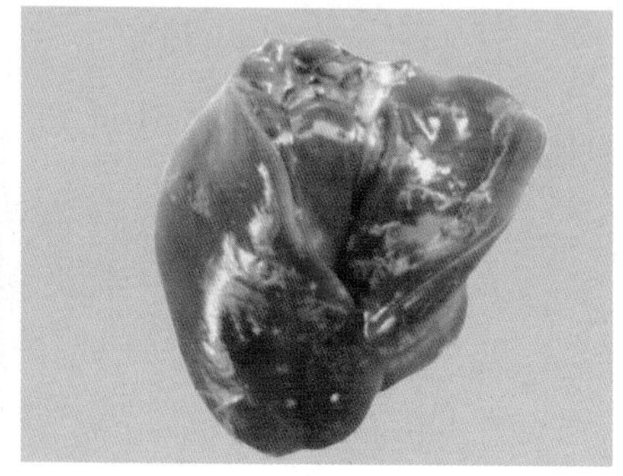

肝脏有大块星状坏死灶

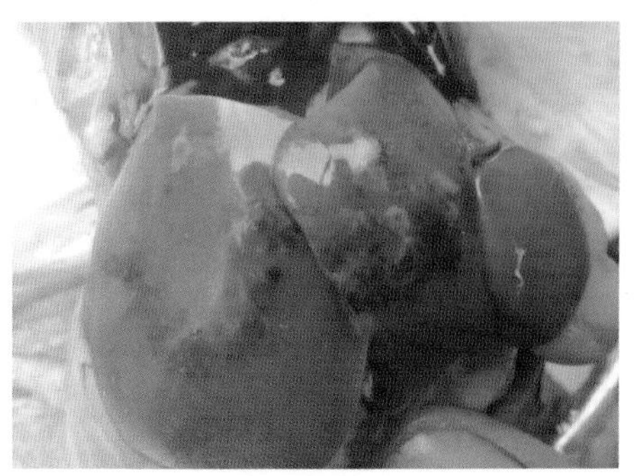

有少量密集型星状坏死灶

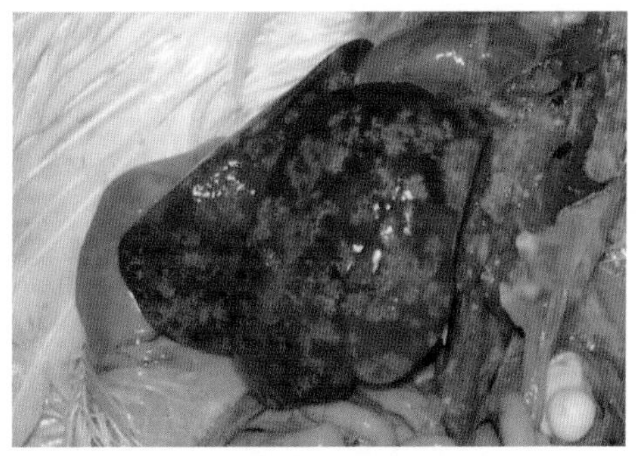

肝脏有大量密集样星状坏死灶

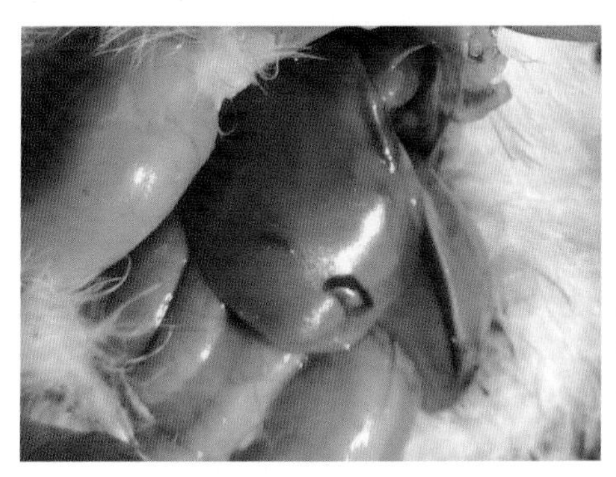

肝脏被膜下有血泡，易破裂

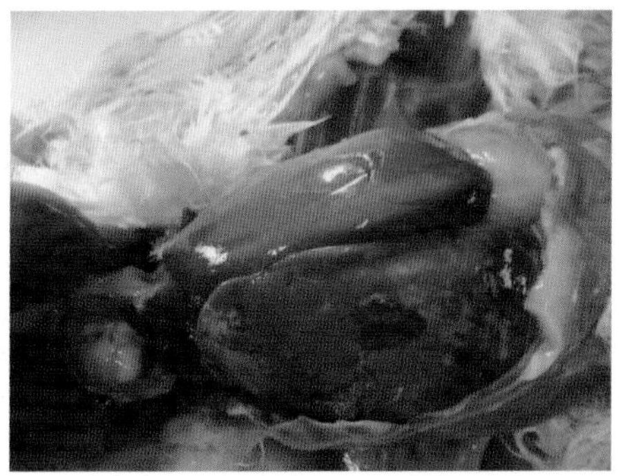

肉鸡肝被膜下出血，脂肪浸润

肝脏发黑，有白色坏死灶

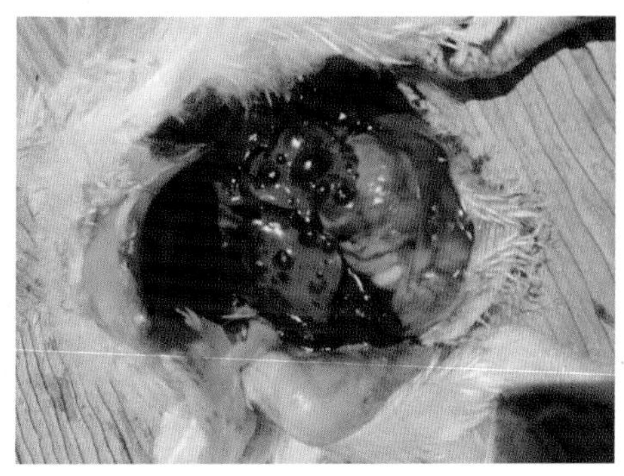

肝脏血泡破裂，腹腔有血性腹水和凝血块

【诊断要点】

（1）临床特征：鸡冠萎缩，奶油稀便。

（2）剖检变化：肝脏有星状、条状、弯曲状坏死点，被膜下有血泡。

（3）实验室检查：镜检有 S 状或逗点状红色杆菌。

【防控措施】

（1）注重消毒，搞好清洁卫生，加强饲养管理，减少应激因素。

（2）雏鸡饮水中添加微生态制剂或酸化剂。

（3）只有净化饲养环境，才能有效控制鸡弧菌性肝炎。

【规范用药】

（1）因为弯曲杆菌是常在菌，革兰阴性，所以抗生素是有效的。通过药敏试验选择高敏抗菌药物，饮水 3~4 天即可。

（2）加强消毒和粪便的处理。

（3）选择精油类、中药类、微生态制剂等，喂服。

五、败血型支原体病

鸡败血型支原体病，是由支原体引起的一种呼吸道疾病，又称慢性呼吸道病。主要特征为呼吸喘鸣音、咳嗽、气囊炎等。肉鸡、黄鸡多发病。

【病原及传播途径】支原体又称霉形体，为目前发现的最小、最简单的原核生物，是一种类似细菌，但又不具有细胞壁的原核微生物。革兰染色为弱阴性，需氧和兼性厌氧，有血凝性。

支原体只有 3 层结构的细胞膜，故具有较大的可变性。这种细胞含有 DNA、RNA 和多种蛋白质，包括上百种酶。支原体可以在特殊的培养基上接种生长。

2~8 周龄鸡最易感病，主要通过污染的饲料、饮水或病鸡呼吸道排泄物等直接接触传播，带菌种蛋的垂直传播是重要途径。单纯感染本病，流行缓慢，发病不严重。若伴有不良环境因素、继发感染，以及免疫刺激等，可加重发病与流行。一年四季均可发病。

【临床症状】临床具有发病快、传播迅速、病程较长的特点。初期病鸡呼吸困难，常有“咔咔”“呼噜”声和甩头动作，甚至张口呼吸；中期咳嗽，打喷嚏；后期眼睑肿胀，一侧或两侧眼结膜发炎，流泪。严重的眼睑紧闭，眼内有黄白色豆渣样渗出物。有的流鼻液，多见眶下窦肿。

肉鸡双侧肿眼、肿头

肉鸡眼球突出，似金鱼眼样

黄鸡双侧眶下窦肿胀

肉鸡眼睑肿胀，眼角拉长

眼角流出泡沫

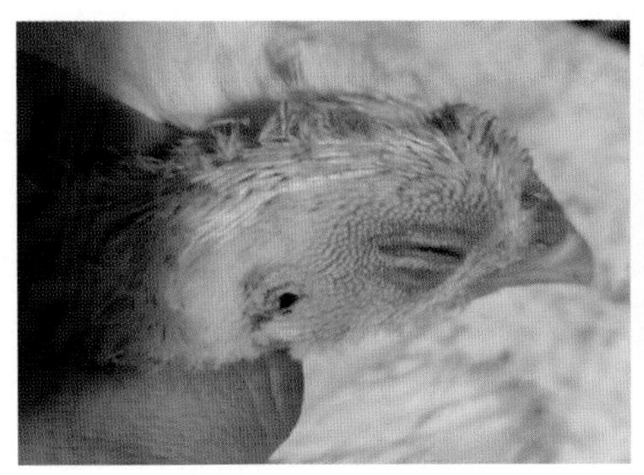
肉鸡眼睑肿胀、闭合

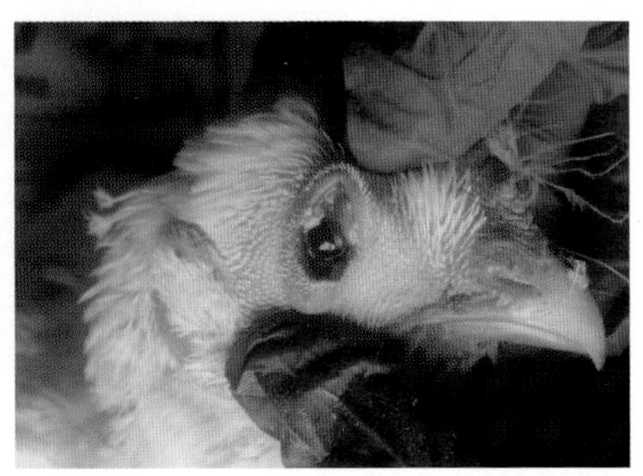
眼睑肿胀，流泪，眼内有豆渣样干酪物

【病理变化】剖检可见气管有黏液性渗出物，黏膜增厚；气囊混浊，早期腹气囊或腹腔有泡沫产生，有干酪样物质或灰黄色结节。

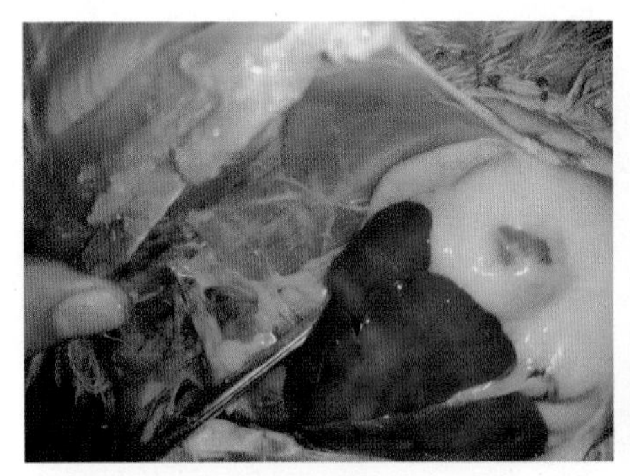
胸气囊轻度云雾状，混浊

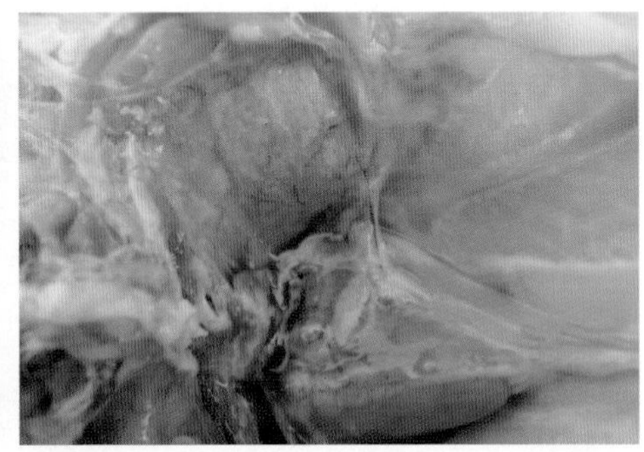
胸气囊混浊，有黄色干酪物，毛细血管增生

胸气囊内有黄色黏稠渗出物

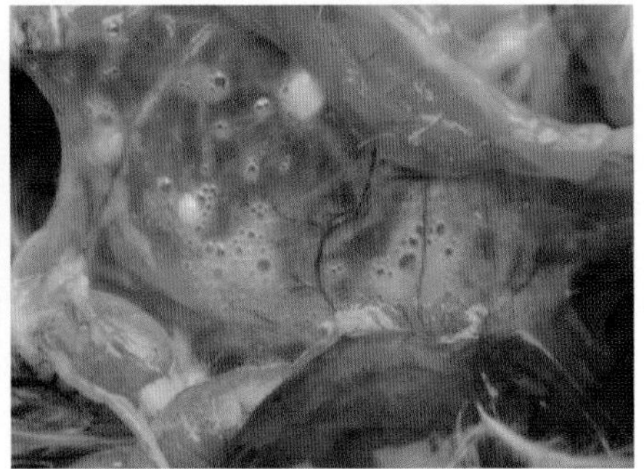
腹气囊泡沫，血管增生

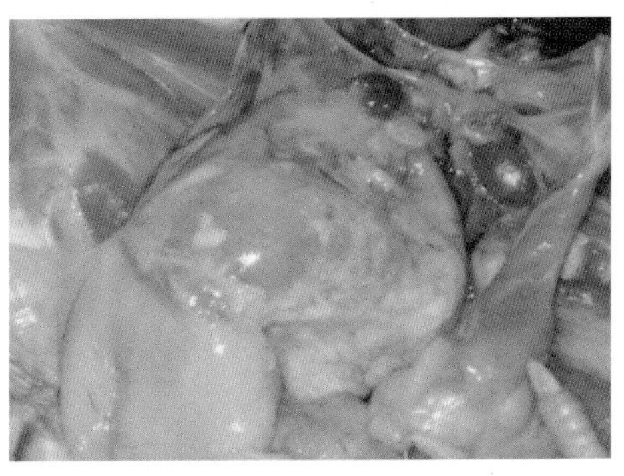

腹气囊黄色干酪样物

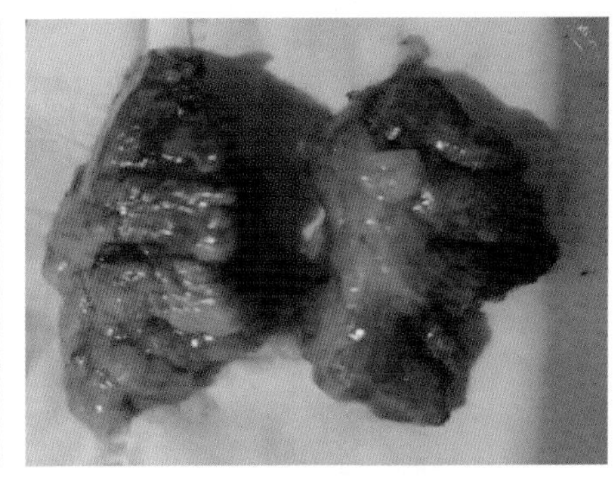

肺脏水肿，肉变

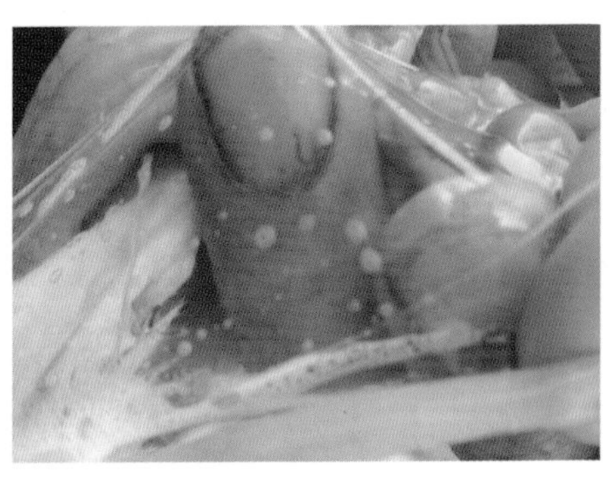

肠系膜有黏稠泡沫

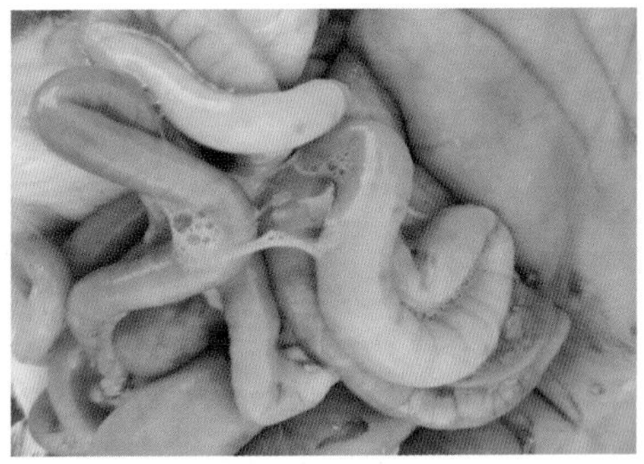

肠管浆膜层有黏稠泡沫

黄鸡腹腔内有泡沫

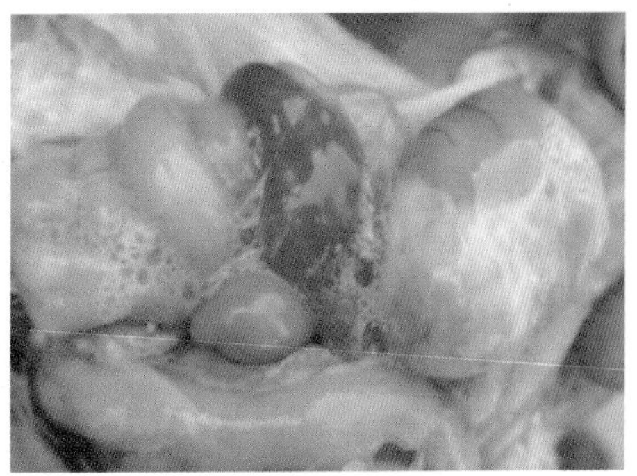

肉鸡腹腔泡沫，肠管胀气

【诊断要点】

（1）临床特征：肿眼肿窦，呼吸困难。

（2）病理变化：胸气囊炎，腹气囊炎，腹腔泡沫。

【防控措施】保持鸡舍良好通风和空气清洁，定期消毒，注意鸡舍保暖，应用疫苗。

【规范用药】

（1）做药敏试验，选用抗支原体药物。

（2）临床常用强力霉素＋氟苯尼考、土霉素、替米考星、泰妙菌素等。

（3）临床应用泰万菌素效果最佳。

（4）选用中药、精油、特异性免疫乳酸菌等。

六、滑膜支原体病

滑膜型支原体能引起关节及其他负重器官滑膜的炎症，伴有较轻的上呼吸道感染。近年来该病呈暴发蔓延趋势，病程较长，治疗效果不理想，导致雏鸡死亡率增高，发育迟缓；大鸡饲料转化率低，被淘汰，已成为养鸡场重要疫病之一。

【病原及传播途径】滑膜型支原体与败血型支原体一样，同是一种缺乏细胞壁的微小原核微生物，对外界抵抗力不强，离体后很快失去活力，一般消毒药能迅速杀死，但体内的支原体却不易被清除。

支原体病主要是通过蛋垂直传播，也可水平传播；全年都可发生，以寒冷季节较为严重；各日龄鸡都可感染，以4~8周龄鸡最易感；黄鸡发病多于白羽肉鸡；各种应激因素常促进发病，死亡率较高。

【临床症状】病鸡跛行，喜卧，跗关节或趾关节及爪垫肿胀，有波动感和热感；胸部皮下黏液囊肿胀、化脓。白羽肉鸡翅关节肿胀。急性病鸡粪便内含有尿酸盐。病鸡不能正常采食和饮水，导致脱水、消瘦而被淘汰。

【病理变化】剖检，趾关节、足垫、腱鞘及黏液囊内早期为黏稠、灰白色渗出物；中期为胶冻样、黄白色渗出物；后期为脓汁或黄色干酪样物。化脓或干酪样物形成，多为继发感染。肝、脾肿大，肾肿大、苍白，呈花斑状。

跗关节上方腱鞘肿胀明显

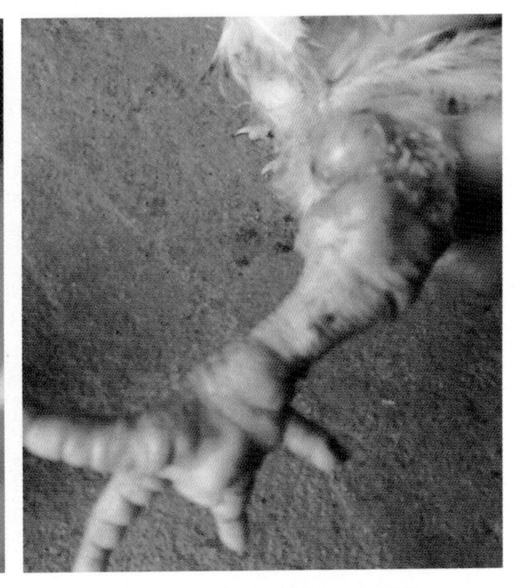

跗、趾关节及腱鞘高度肿胀

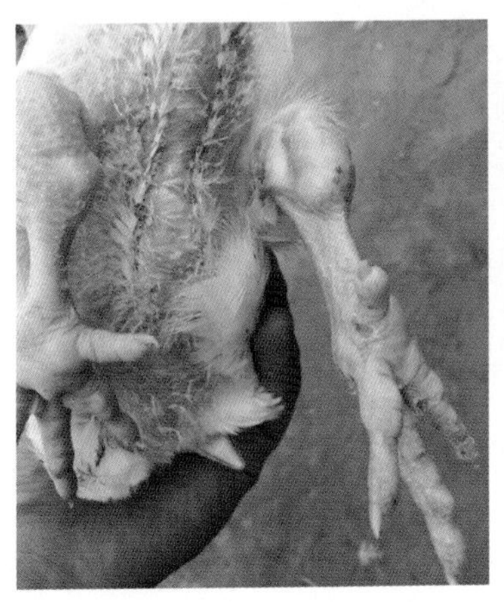

肉鸡跗关节、趾关节、足底都肿胀

翅关节内侧肿胀

肉鸡一侧翅关节肿胀

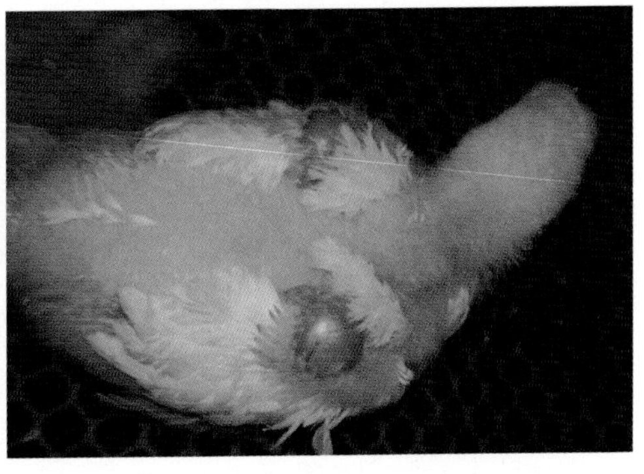

肉鸡双侧翅关节肿胀

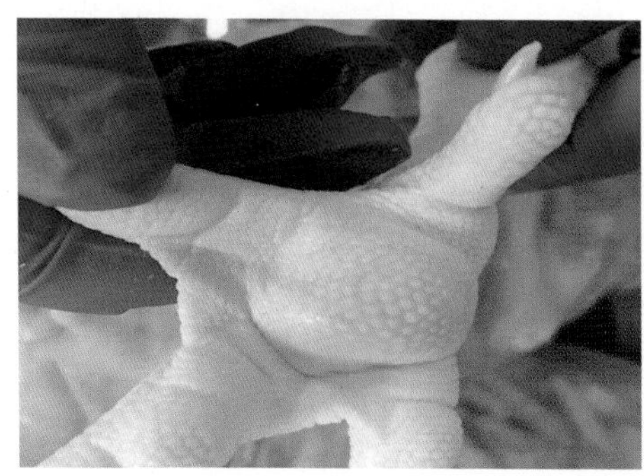

肉鸡足垫肿胀

麻鸡足垫肿胀

肉鸡趾关节及爪部肿胀发青

黄鸡趾关节肿胀

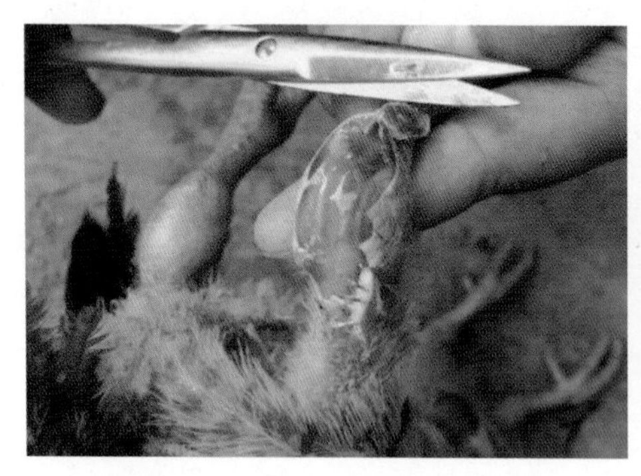

跗关节皮下胶冻样纤维素渗出物

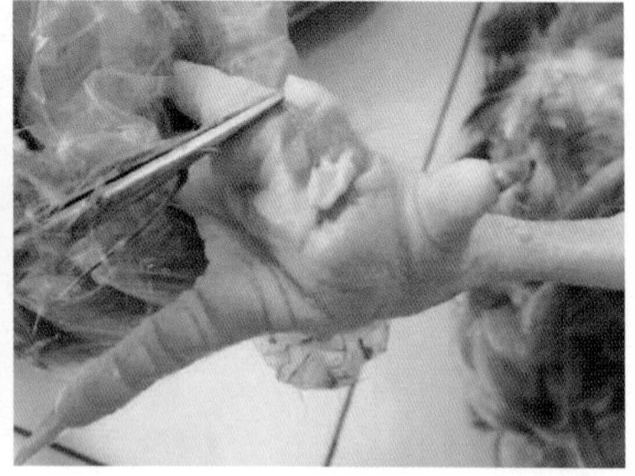

足垫硬固，切开有组织增生

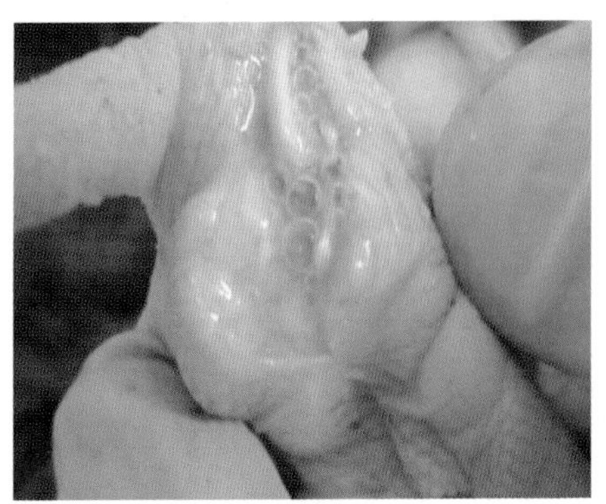

趾关节及足垫组织增生，有气泡形成

足垫已开始液化

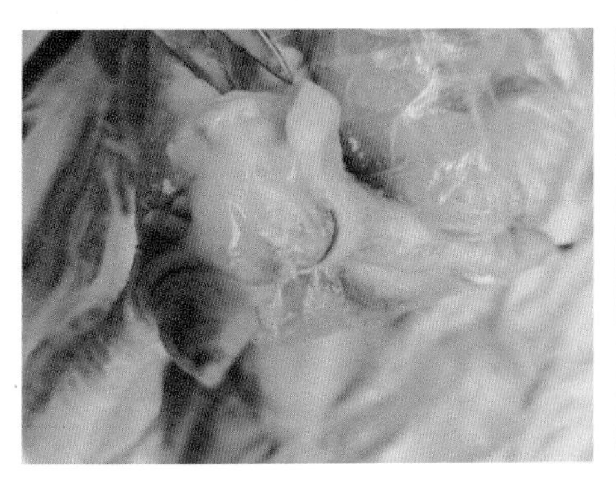

足垫切开，有脓汁流出

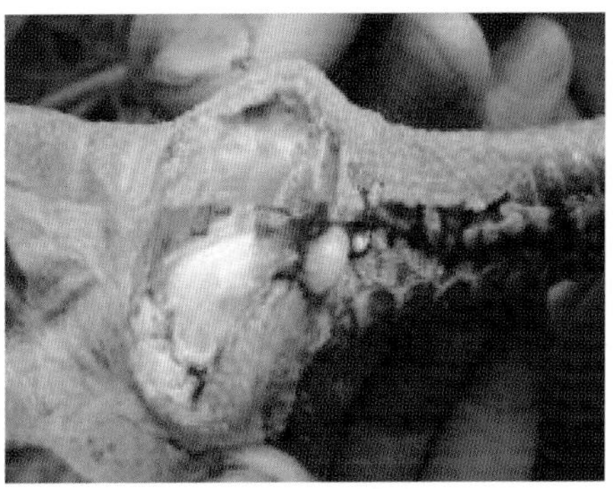

黄鸡足垫切开水肿，趾关节有脓汁流出

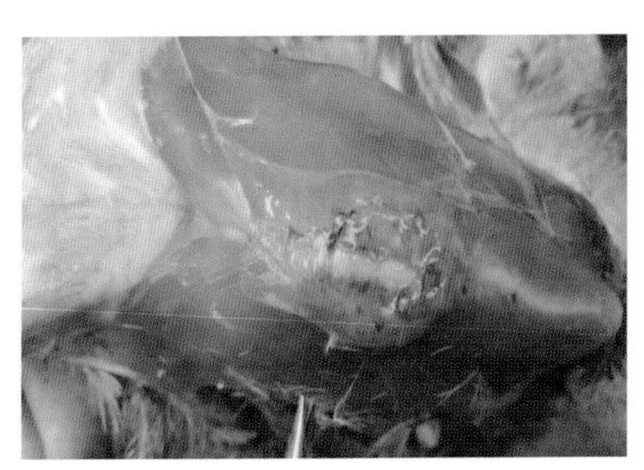

胸部皮下黏液囊肿胀、出血

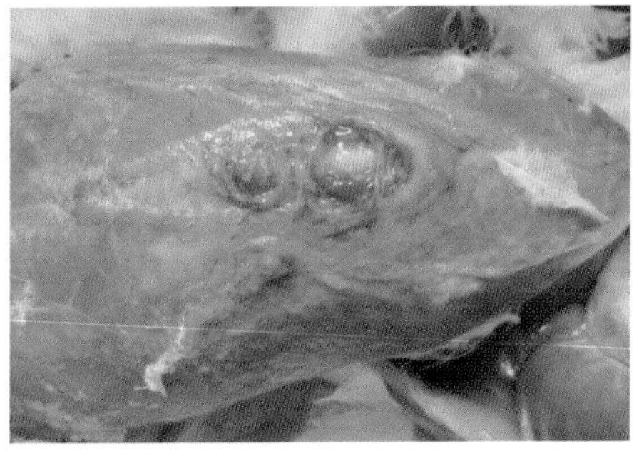

胸部皮下黏液囊化脓

【诊断要点】

（1）临床特征：跗、趾关节肿胀，腱鞘及足垫肿胀，黏液囊肿胀，疼痛俯卧。

（2）病理变化：滑膜出血，有渗出物、脓汁和干酪样物形成。

【防控措施】

（1）加强鸡舍管理：注重舍内环境卫生，通风换气。

（2）注重引种：本病通过蛋传垂直感染，一旦发生即很难根除，因此，应高度注重引种工作。从无病鸡场引种，加强消毒工作，切断传染病源。

（3）淘汰阳性鸡：由于种蛋带菌，有人建议在鸡 2、4、6 月龄时进行血清学检查，及时淘汰阳性鸡。将无病鸡群隔离饲养作种用，并对其后代继续观察。

（4）全程净化：

①黄鸡：对刚出壳雏鸡，马立克疫苗中加入林可大观霉素注射；3 周龄接种滑膜型支原体疫苗；4 周龄时用强力霉素 + 氟苯尼考，连饮 5 天，停药 5 天，再用泰万菌素饮水 5 天，为一个疗程；60 日龄时再用药一个疗程。

②肉鸡：10 日龄时连饮 3 天泰万菌素，既能净化败血型支原体，又能净化滑膜型支原体。

【规范用药】

（1）通过药敏试验选择高敏药物。

（2）应用高含量的泰万菌素、泰妙菌素、强力霉素、替米考星等，也可轮换或联合使用药物。

（3）如果黄鸡得病，可先用泰万菌素饮水 7 天，停药 7 天，再用强力霉素 + 氟苯尼考饮水 7 天。

（4）药物只能抑制支原体在机体内的活力，而不能完全杀灭病菌，病鸡痊愈后都带菌。选用中药、精油及特异性免疫乳酸菌等防治本病。

七、葡萄球菌病

鸡葡萄球菌病主要是由金黄色葡萄球菌引起的一种急性或慢性传染病，在临床上常表现关节炎、腱鞘炎、脚垫肿、脐炎和葡萄球菌性败血症等，给养禽业造成很大损失。

【病原及传播途径】鸡葡萄球菌病的病原是金黄色葡萄球菌，圆形或卵圆形，常单个、成对或葡萄状排列，为革兰阳性菌。该菌广泛存在于自然界，鸡的粪便、眼睑、黏膜、肠道及表皮上。当皮肤黏膜受损后，易引起感染发病;或通过呼吸道和消化道感染。

致病力较强的为金黄色葡萄球菌毒素和毒性酶，如皮肤坏死毒素、肠毒素、溶血素、杀白细胞毒素、血浆凝固酶、溶纤维蛋白酶、核酸酶等，对抗生素易产生耐药性。

白羽、黄羽肉鸡均能感染；在断喙、啄叨、接种、注射、外伤时，易感染发病；各日龄鸡均可发病。

【临床症状】

（1）葡萄球菌败血症：病死鸡体表皮肤多见湿润、水肿，羽毛潮湿易掉，呈青紫色或深紫红色，皮下多蓄积渗出液，触之有波动感。有时仅见翅膀内

白羽肉鸡急性败血症，皮肤脱落，出血糜烂

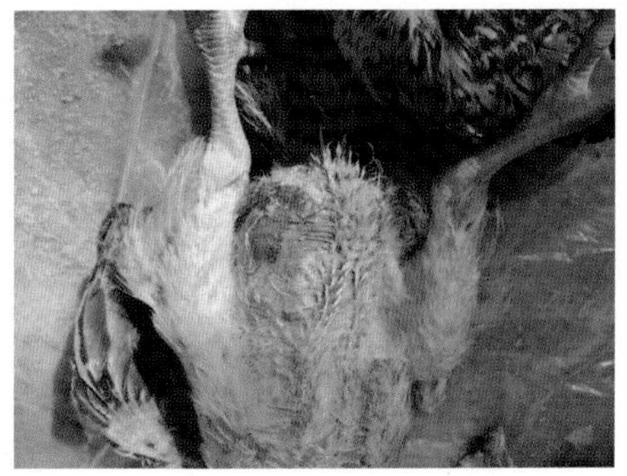

腹部皮肤有紫斑，破溃

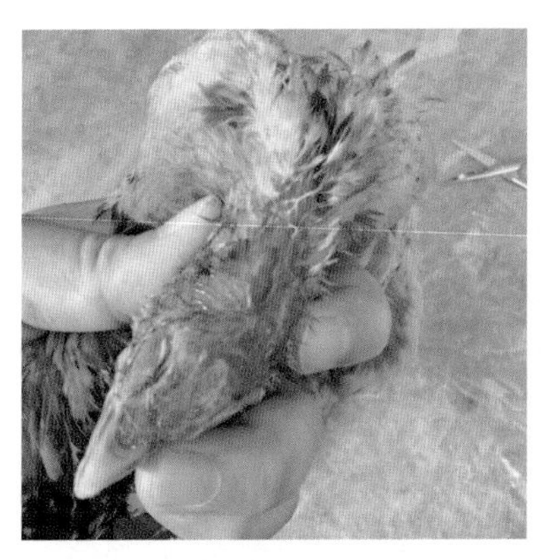

下颌及颈腹侧皮肤浸润、脱落

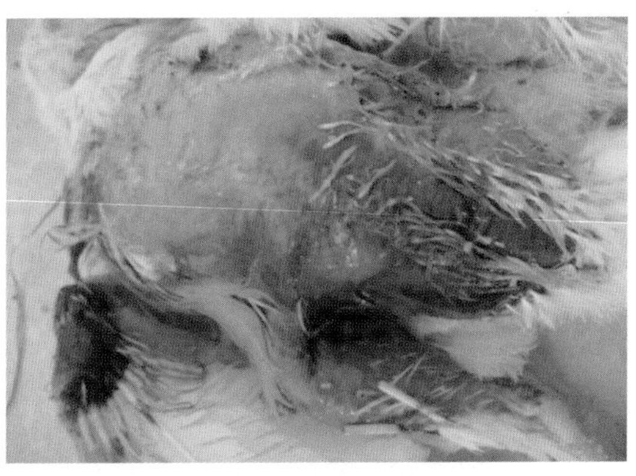

翅膀和大腿皮肤出血、溃烂

侧、翅尖或尾部皮肤出血、糜烂和炎性坏死，局部干燥者呈红色或暗紫红色，脱毛。

（2）葡萄球菌型关节炎：多发生于育成黄鸡，常见关节肿胀、趾间有瘤，跛行，喜卧，局部有热痛感。临床可见浮肿性皮炎、胸囊肿、脚垫肿等。

黄鸡跗关节上方部分出血、糜烂

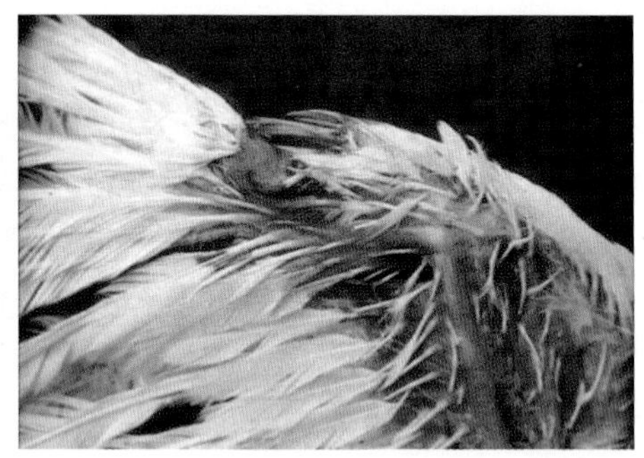

肉鸡翅膀皮肤严重出血

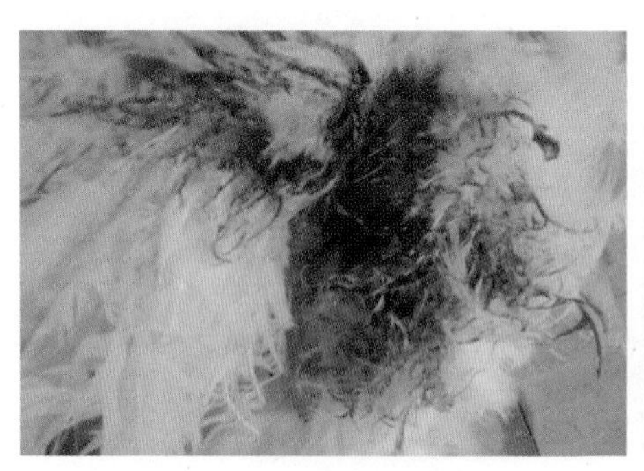

急性下痢，排黑绿粪便

趾间皮肤瘤

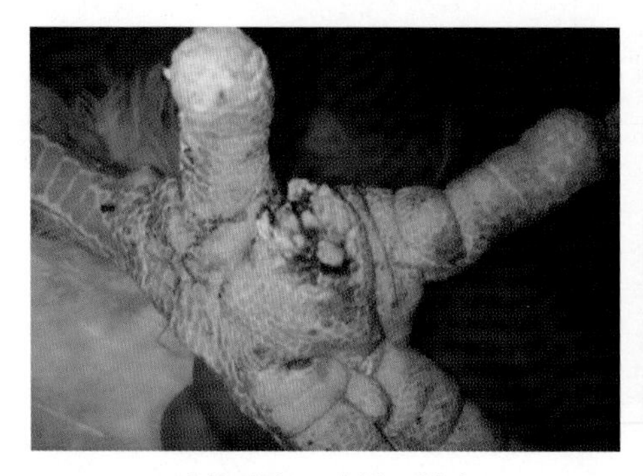

趾垫肿胀、溃烂、增生

趾间长瘤，溃烂

【病理变化】胸、腹或大腿内侧皮下有较多红黄色渗出液，或呈胶冻样；肝脏有出血斑点的最严重，死亡率较高；雏鸡感染葡萄球菌可发生脐炎，常在1~2天死亡。关节肿胀处皮下水肿，关节液增多。

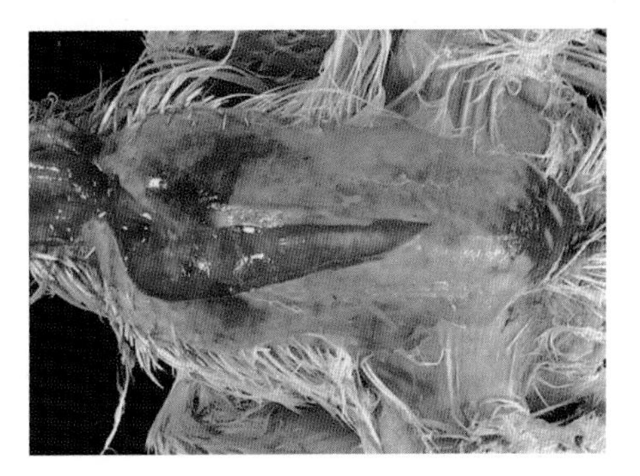
皮下有红黄色渗出液

皮下有胶冻样纤维素渗出物

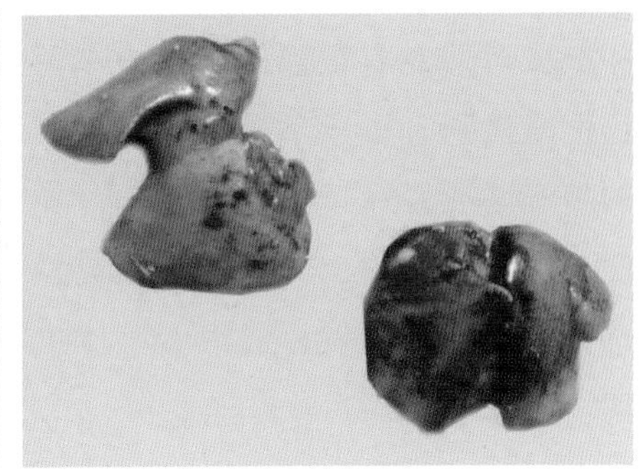
肝脏有出血斑

【诊断要点】

（1）临床特征：翅膀和皮肤溃烂，趾间瘤，黑绿便。

（2）剖检变化：皮下渗出物，肝脏出血。

【防控措施】

（1）谨慎操作：主要是通过损伤的皮肤造成细菌感染，因此，在断喙、刺种、肌肉注射等操作时，要提前做好消毒工作，防止细菌经伤口侵入。

（2）防止刺伤：在捉鸡、扩群、人工授精时要轻捉轻放，检查笼具，防止刺伤。

（3）国内研制的鸡葡萄球菌多价氢氧化铝灭活苗，可有效预防该病。

【规范用药】

（1）临床用药选择范围很广泛，青霉素、头孢类、土霉素类等均可。根据药敏实验选择高敏药物治疗，效果更佳。

（2）严格消毒，鸡舍及运动场高密度消毒，连用3~5天。

（3）选用具有抗菌消炎功能的中药类、噬菌体、抗菌肽等。

八、梭菌性肠炎

鸡梭菌性肠炎是由鹑梭状芽孢杆菌和魏氏梭菌引起的一种细菌性疾病。以鸡突然发病，迅速死亡，肠黏膜溃疡和坏死为特征，分布广泛，是肉鸡养殖业危害性较大的疾病之一。

【病原及传播途径】鹑梭状芽孢杆菌和魏氏梭菌有共同特点：同属革兰阳性菌、厌氧菌，都能形成芽孢，对外界有很强的抵抗力，耐热性能极强，毒素不易被饲料生产的高温杀死；通过消化道感染，粪便和垫料传播；3 周龄以上鸡较易感；常与球虫并发，或继发于球虫病；霉菌毒素经常与其混感。

感染梭菌的鸡粪便呈橘黄色

梭菌感染：粪便呈橘红色

梭菌感染：粪便呈黄色，有气泡

【临床症状】病死鸡几乎无明显症状，个别鸡精神委顿，嗉囊充盈，排出棕红色粪便、鱼肠子粪便，类似球虫病或肠毒症，但按球虫治疗用药无效果，常呈急性死亡。

【病理变化】鹑梭状芽孢杆菌感染主要在十二指肠有明显的出血性炎症，肠壁增厚，在浆膜面和黏膜面均可见到出血点或出血斑；空肠和回肠黏膜上也有散在的枣核状溃疡灶；肠黏膜增厚，颜色变浅呈灰白色，麸皮样，易剥离。

魏氏梭菌感染病变主要在小肠后段，尤其是空肠和回肠部分。肠壁脆弱、扩张，充满气体，内有黑褐色肠内容物；肠黏膜上有稀疏或致密的出血点，附着黄色或绿色假膜；随病程进展，出现纤维素性坏死，似麦麸样附着在黏膜上。

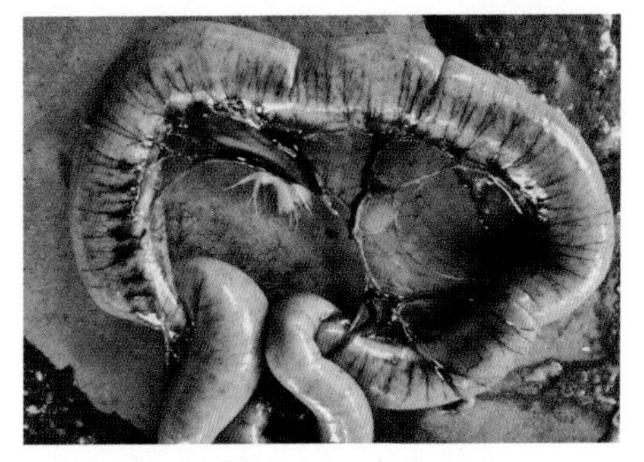

空肠浆膜层可见密集出血点

空肠段呈青黑色

肠断明显，扩张变粗

肠道有糖色内容物

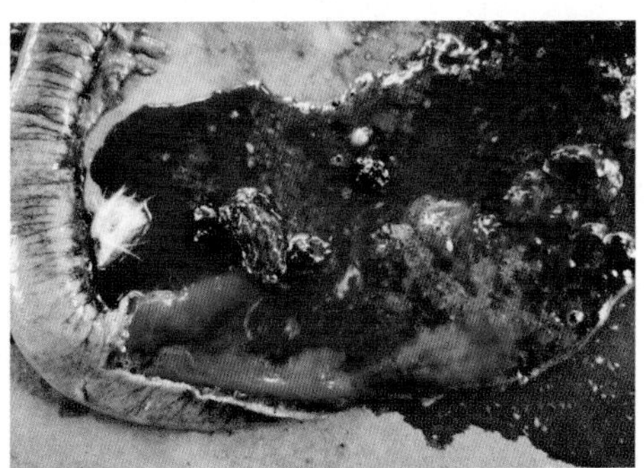

肠道内有血色内容物

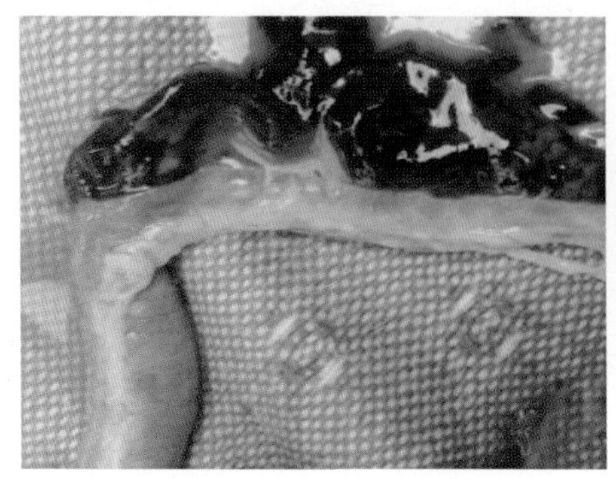

切开肠壁，内有血凝块

肠道黏膜粗糙、脱落，有弥漫性出血点

肠壁扩张，黏膜坏死、脱落

肠黏膜有典型的斑块状出血溃疡灶

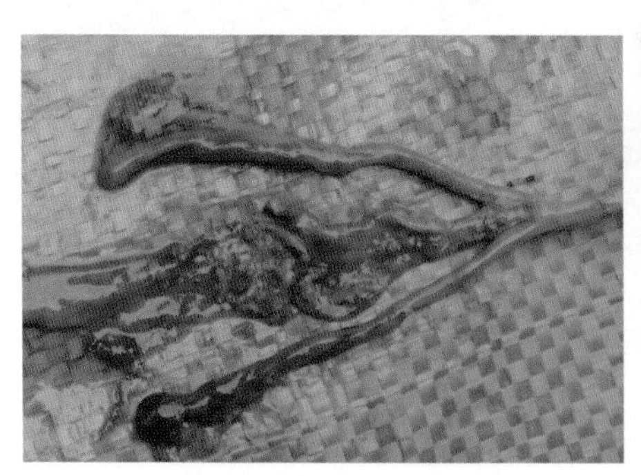

回肠黏膜扩张，严重溃疡

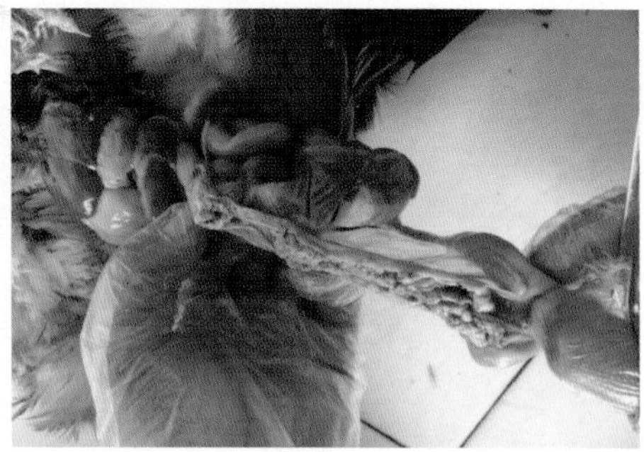

肠内有大量干酪样物形成

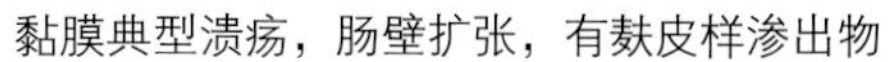
黏膜典型溃疡，肠壁扩张，有麸皮样渗出物

肠道黏膜附有棕红色麦麸样渗出物

【诊断要点】

（1）临床特征：排棕红色鱼肠粪便，零星死亡。

（2）剖检变化：浆膜出血点，肠臌气扩张，肠黏膜溃疡，有血样或麸皮样物附着。

【防控措施】

（1）保证鸡舍清洁卫生，做到定期消毒。

（2）控制球虫病。

（3）防止饲料霉变。

【规范用药】

（1）做药敏试验，选用杆菌肽、土霉素、青霉素、泰乐菌素、林可霉素等，拌料、饮水、注射均可。

（2）0.01% 高锰酸钾液饮水，每天饮水 4 小时，连饮 3 天。

（3）球虫刺激鸡肠道产生黏液，有利于产气荚膜梭菌的增殖，应先治疗球虫病。

（4）未能消化的大颗粒玉米在肠道内发酵分解，有利于梭菌繁殖，因此，一定要防治肌腺胃炎。

（5）应用微生态制剂是有益的。

九、念珠菌病

该病是由白色念珠菌引起一种上消化道疾病。该病在鸡口腔、喉头及嗉囊黏膜有白色假膜和溃疡。

【病原及传播途径】白色念珠菌在自然界中广泛存在，存在于健康家禽的口腔、上呼吸道和肠道等处。该病对消毒药有很强的抵抗力。

（1）传染来源：病鸡和带菌鸡。

（2）传播途径：病原通过分泌物、排泄物污染饲料和饮水，经消化道感染。

（3）发病日龄：4 周龄以下的鸡多发病。

（4）流行季节：炎热多雨夏季易发病。

【临床症状】病鸡精神不振，食量减少或不食，消瘦，羽毛蓬乱，生长发育不良。嗉囊胀大、松软，挤压时有痛感；口腔溃疡或穿孔，致下颌肿胀；有的病鸡下痢，粪便呈灰白色。

【病理变化】病变主要集中在上消化道。口腔和食道有干酪样假膜和溃疡；嗉囊内容物有酸臭味，嗉囊褶皱变粗，黏膜明显增厚，附着一层灰白色斑块状假膜，呈典型“毛巾样”小结节，易刮落；假膜下可见坏死和溃疡。

肉鸡下颌及眶下窦高度肿胀

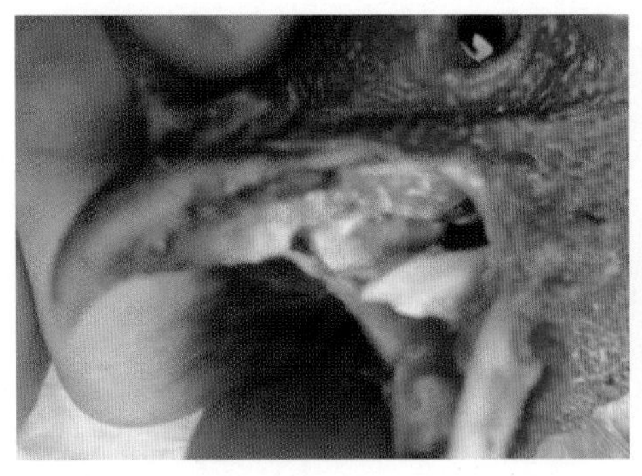

黄鸡口腔溃疡，有灰白色斑块状假膜

口腔黏膜溃疡，有大量干酪样物

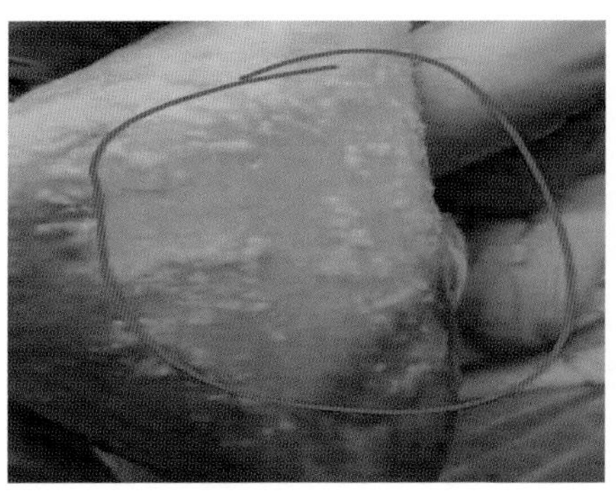

嗉囊灰白色结节

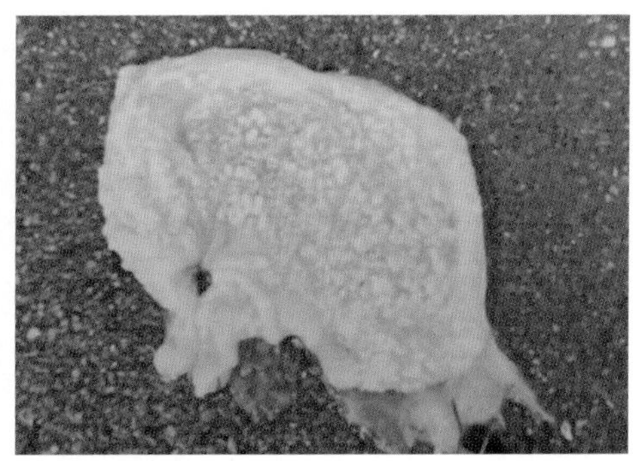

嗉囊灰白色结节，似毛巾状

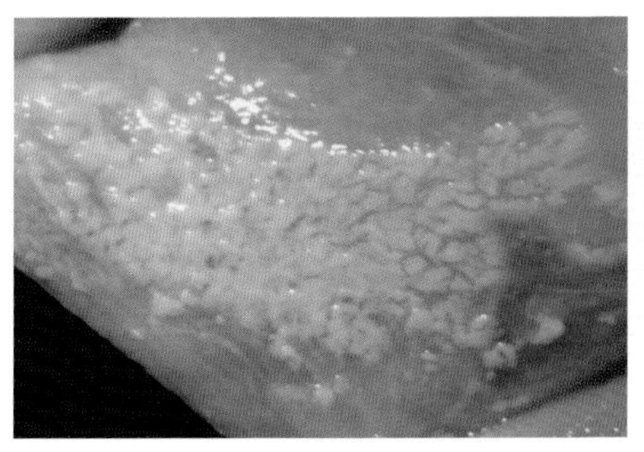

嗉囊银白色、斑块状假膜

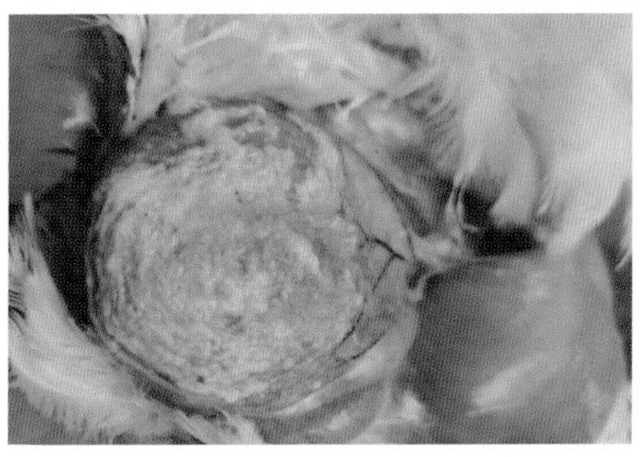

嗉囊灰白色假膜，有黄色纤维素性渗出物

嗉囊黏膜增厚，附着纤维素性假膜

嗉囊内容物呈豆腐脑状

【防控措施】

（1）防止饲料霉变。

（2）加强饲养管理，保证鸡舍内适宜的温、湿度，搞好通风换气，及时扩群。水位、料位充足，合理摆放，保证病鸡饮水和采食方便，加快康复速度。

（3）饮水消毒：念珠菌对氧化电位水敏感，据试验证实，氧化电位水作用 5 分钟，即可 100% 杀灭白色念珠菌。鸡 5 日龄、12 日龄、16 日龄用氧化电位水饮水消毒。21 日龄以后饮一天氧化电位消毒水，停两天。

（4）带鸡消毒：每天用氧化电位消毒剂带鸡消毒一次。

【规范用药】

（1）制霉菌素，每千克饲料添加 100 万 ~200 万单位，混合均匀，连喂 5 天。

（2）克霉唑，每千克饲料添加 300~600 毫克，混合均匀，连喂 5 天。

（3）地美硝唑拌料，连用 3 天。

（4）0.05%~0.075% 硫酸铜饮水，每天饮水 5 小时，连饮 2 天。

第三章
寄生虫病

一、球虫病

鸡球虫病主要是由艾美耳属球虫寄生于鸡的肠道黏膜上皮细胞而引起的。堆型、柔嫩型、巨型、毒害型、布氏艾美耳球虫对鸡危害较大。球虫分布广泛，发生普遍，治疗棘手，损失严重。

以往总认为球虫对雏鸡、肉鸡危害较大，现在发现黄鸡致病率也较高。由于某些治疗药物的限用或禁用，使得防控球虫病有一定的难度，应给予高度重视。

【病原及传播途径】临床常见寄生于盲肠的柔嫩型，寄生于小肠的巨型、毒害型艾美耳球虫，危害性大。

球虫发育分为无性繁殖、有性繁殖（均在体内进行）和孢子生殖（在体外进行）。孢子卵囊污染饲料或饮水，鸡即被感染。在繁殖过程中，球虫孢子会反复多次地损伤肠黏膜。

病鸡和球虫病携带者是传染源；消化道是本病唯一感染的途径；维生素缺乏，圈舍潮湿，空气质量差，过于拥挤，环境卫生差等，为发病诱因。地面平养育雏易引发雏球虫病。

【临床症状】温暖多雨季节易发病，一般 4~9 月流行，7~8 月发病较严重。多见于 3 月龄以下的小鸡，尤以 15~50 日龄鸡最易感染，10 日龄内雏鸡很少发病。

生长鸡感染时，精神不佳，羽毛直立；翅膀下垂，闭目缩颈；有时尖叫，食欲减退，饮欲增加，拉稀，粪便呈西瓜瓤样、番茄酱色等，料肉比和料蛋比增高，重者死亡；共济失调，瘫腿及爪变形；鸡冠和黏膜贫血，最后发生痉挛、昏迷而死亡；盲肠球虫感染排血便，造成急性死亡。成鸡表现为厌食，消瘦，生长缓慢，粪便呈棕红色。

当鸡群在夏季出现棕红、酱色或血便时，养殖者首先考虑球虫病。

地面散养鸡，易发生球虫病

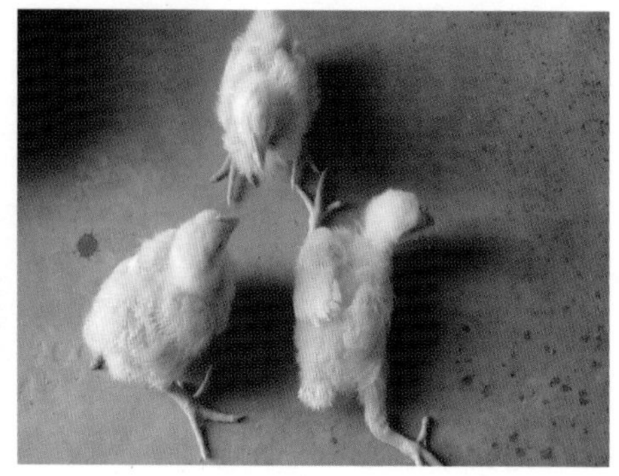

球虫导致鸡维生素吸收不良，出现腿瘫

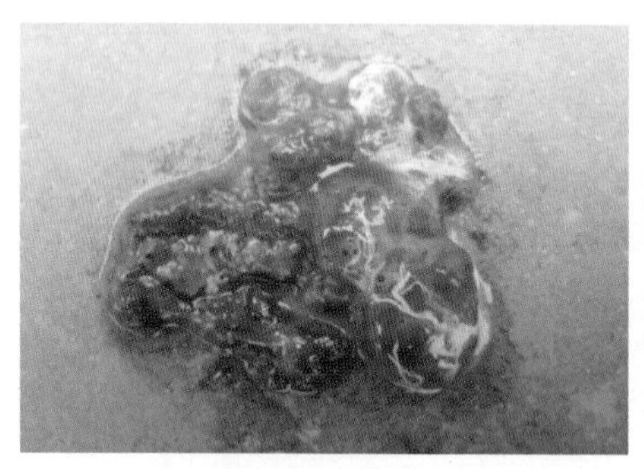

橘皮样黄色粪便

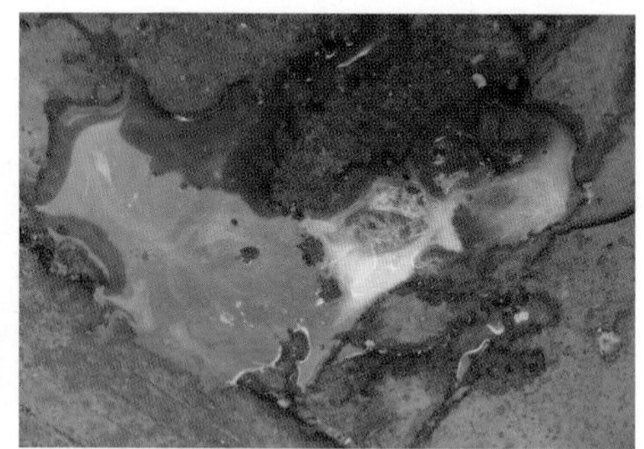

肉色稀便

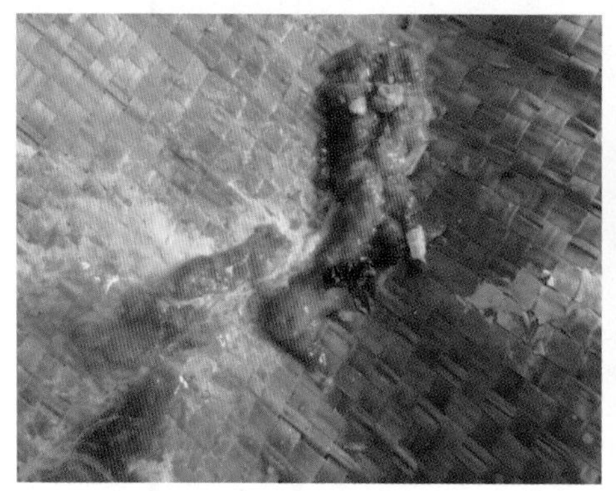

西瓜瓤样球虫便

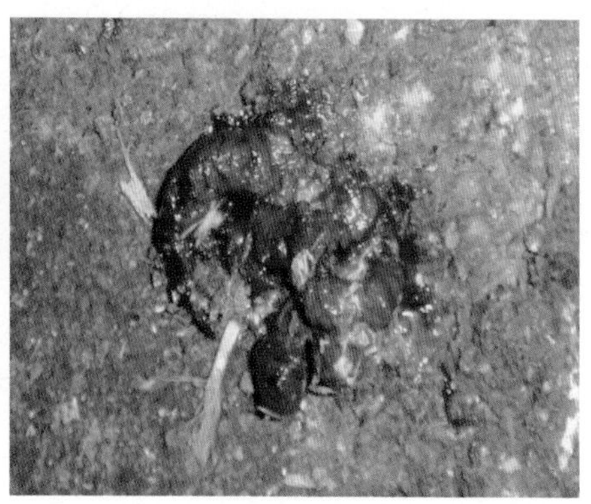

血色粪便

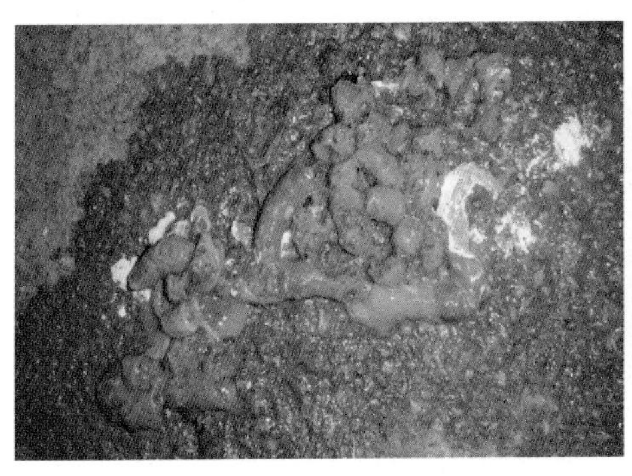

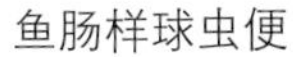
鱼肠样球虫便

浆膜可见出血斑点

【病理变化】主要病变在肠管。小肠浆膜层有豆形出血斑点，黏膜面出血点明显；空肠内容物呈酱色，黏膜上有密集针尖状出血点；盲肠球虫感染，表现盲肠肿大，充满血液、血凝块、上皮黏膜脱落物与粪便等，混合形成硬固干酪样物，俗称“肠栓”；盲肠黏膜溃疡。

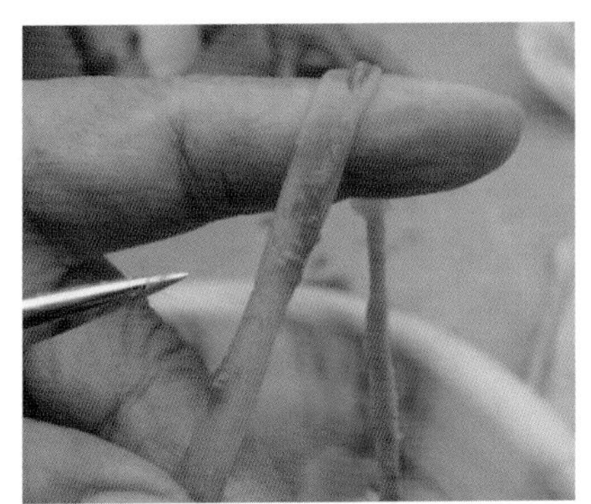

小肠球虫橘红色粪便

空肠酱样肠内容物

空肠球虫粪便，肠壁扩张

十二指肠堆型球虫，黄白色阶梯状堆积

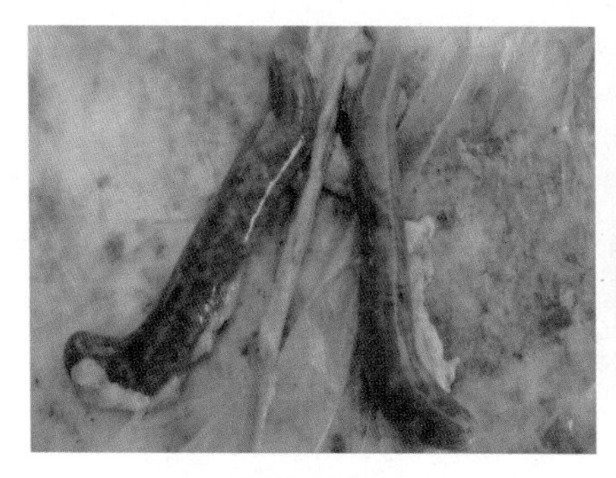

盲肠内积血

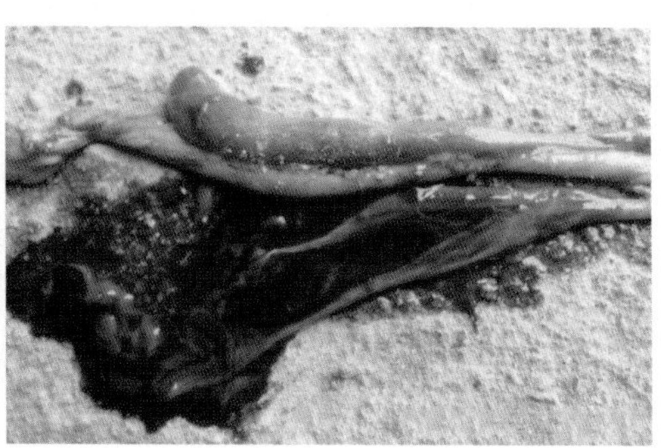

盲肠内有鲜血

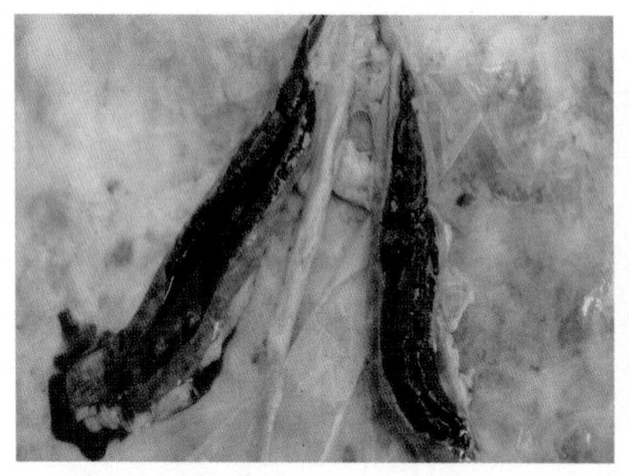

盲肠内有凝血块

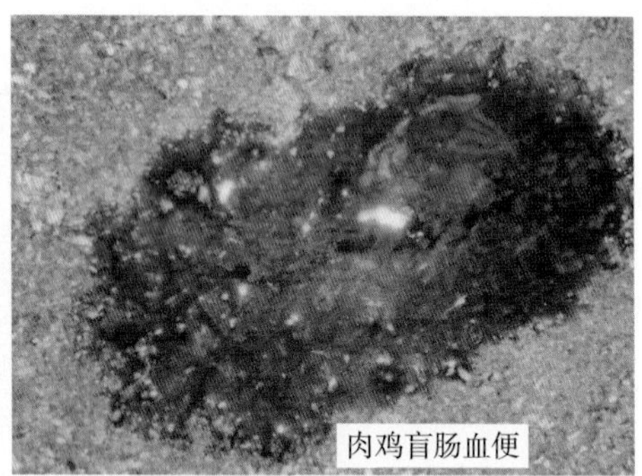

肉鸡盲肠血便

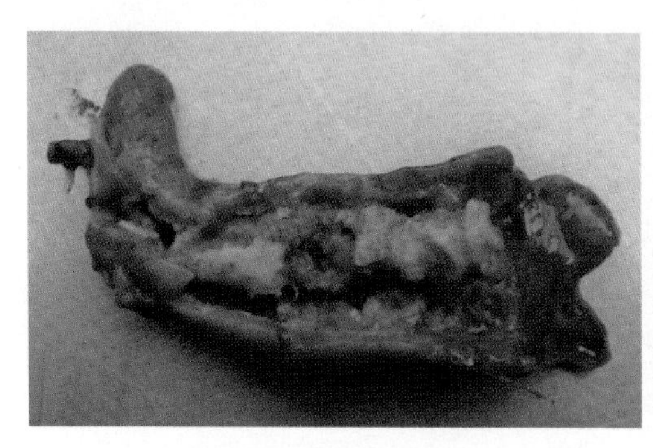

盲肠形成干酪样物栓塞

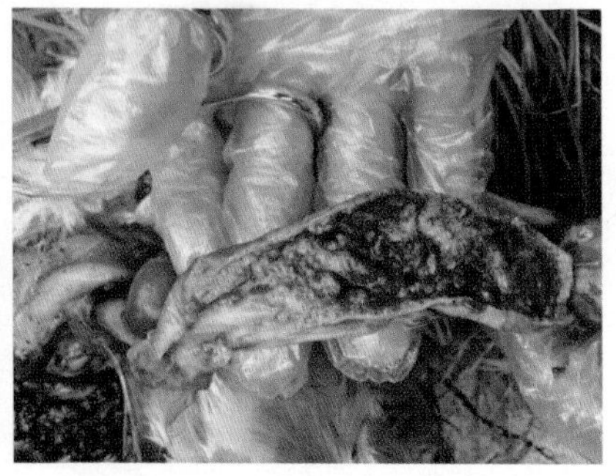

盲肠黏膜溃疡

【诊断要点】

（1）临床特征：排棕红、酱色或鲜血粪便。

（2）剖检变化：盲肠黏膜出血点，酱样内容物。

【防控措施】

（1）鸡舍严密消毒，保持清洁干燥，供应富含维生素的饲料。夏秋季控制饲料中的麸皮含量，及时清理粪便，以生物热处理消杀孢子卵囊，防止饲料和饮水被鸡粪污染。

（2）免疫接种：采用鸡胚传代致弱的虫株或者早熟选育的致弱虫株接种免疫鸡群，目前推广应用比较广泛，特别适合于黄鸡、肉种鸡和白羽肉鸡等。白羽肉鸡于5日龄接种一次；黄鸡和肉种鸡于5~7日龄接种第一次，15~17日龄再次接种。按说明用球虫苗喷洒饲料，喂给鸡也可。

（3）药物预防：由于鸡在感染球虫后的第4~5天才开始表现症状，此时球虫的第二代裂殖体已成熟、破裂，所以该病不易早期诊断。一旦看到了球虫粪便，至少是7天以前就感染了。提倡早期用药预防，如地克珠利、莫能菌素、海南霉素、盐霉素、常山酮等。

【规范用药】常用治疗药物有磺胺喹噁啉、地克珠利、海南霉素、中药等。

（1）地克珠利：地克珠利为三嗪类广谱抗球虫药，对鸡的柔嫩、堆型、毒害、布氏、巨型等艾美耳球虫均有良好效果，而且毒性小，安全性高。地克珠利主要抑制子孢子和裂殖体增殖，对各阶段球虫均有效。

地克珠利混饲（以地克珠利计），1克/吨饲料。本品作用时间短，停药1日抗球虫作用明显减弱，停药2日后作用基本消失，因此，必须连续用药，以防复发。本品长期使用易产生耐药性，故应穿梭用药或短期使用。鸡的休药期为5日。本品混料时应充分拌匀，否则，会影响疗效。

（2）海南霉素钠：海南霉素钠属于聚醚类抗球虫药，具有广谱抗球虫作用，对鸡的柔嫩、毒害、堆型、巨型、和缓艾美耳球虫等高效。禁与其他抗球虫药物合用。

海南霉素钠仅用于鸡，鸡粪切勿用作其他动物饲料，更不能污染水源。混饲：添加海南霉素5~7.5克（500万~750万单位）/吨饲料，休药期为7日。

（3）盐酸氨丙啉：本品为广谱抗球虫药，氨丙啉的化学结构与硫胺素相似，可竞争性抑制球虫对硫胺素（维生素 B_1）的摄取，从而阻碍虫体细胞的糖代谢，抑制球虫发育。盐酸氨丙啉对柔嫩与堆型艾美耳球虫的作用最强，对毒害、布氏、巨型、和缓艾美耳球虫的作用较弱。

（4）磺胺喹噁啉：磺胺喹噁啉是治疗鸡球虫病的专用磺胺类药。对鸡的巨型、布氏和堆型艾美耳球虫作用最强，对柔嫩和毒害艾美耳球虫作用较弱，需用较高剂量才能见效。本品常与氨丙啉合用，以增强药效。

（5）乙氧酰胺苯甲酯：乙氧酰胺苯甲酯对氨丙啉、磺胺喹噁啉的抗球虫活性有增效作用，多配成复方制剂使用。本品对巨型和布氏艾美耳球虫及其他小肠球虫具有较强的作用，作用机理与抗菌增效剂相似，能阻断球虫四氢叶酸的合成。

本品混饲：鸡 500 克 / 吨饲料，连续饲喂不得超过 5 日，休药期为 7 日。

（6）常山：中药常山可杀球虫，目前应用广泛。

无论应用化药地克珠利、海南霉素、盐酸氨丙啉、磺胺喹噁啉钠、特异性免疫乳酸菌，还是中药驱虫制剂，都要轮换或穿梭用药。轮换用药是指在一年中不同季节轮换使用不同的抗球虫药。穿梭用药是指在鸡的不同生长阶段使用不同药物，一般在生长初期使用效力中等的抗球虫药物，生长中后期使用高效的抗球虫药物。同时添加维生素 A、K，B 族维生素，微量元素，必要时可添加止血药物和鱼肝油，或适当加些提高免疫力的药物。

二、蛔虫病

蛔虫主要寄生于鸡小肠，黄羽肉鸡常发病。由于蛔虫病对鸡体健康的慢性消耗，造成的损失不亚于传染病，但易被人们忽视。

【病原及传播途径】鸡蛔虫病是禽蛔科的鸡蛔虫引起。成虫呈淡黄色或黄白色，雌虫长度为 60~110 毫米，雄虫长度为 50~76 毫米，虫卵呈椭圆形。鸡蛔虫产卵量很大，一条雌虫一天可产生 72 500 个虫卵，对环境污染严重。虫卵对外界环境和消毒药物的抵抗能力强，通常感染性虫卵能够在土壤中生存长达 6 个月。

生活发育史：鸡蛔虫卵随粪便排出体外，在适当的温度下开始发育，具有感染力；污染饲料或饮水被鸡吞食，卵在鸡的消化道中孵出幼虫，幼虫钻进肠黏膜内，破坏分泌腺。经 1 周后幼虫又从黏膜内逸出，自由生活于十二指肠后部的肠腔中，发育为成虫。成虫主要寄生于鸡小肠中。

3 月龄黄羽肉鸡易发病且症状严重，1 年以上的成年鸡成为传染源，但不表现任何病状。

【临床症状】病鸡冠髯苍白，黏膜贫血；行动迟缓，食欲减退；下痢，有时稀粪中带有血液，逐渐衰竭死亡。

【病理变化】感染病鸡可在肠腔中发现虫体，甚至会因大量虫体堆积而引起肠阻塞。病鸡的肝脏淤血，呈暗紫色；小肠扩张，肠壁肿胀变硬，有出血点。

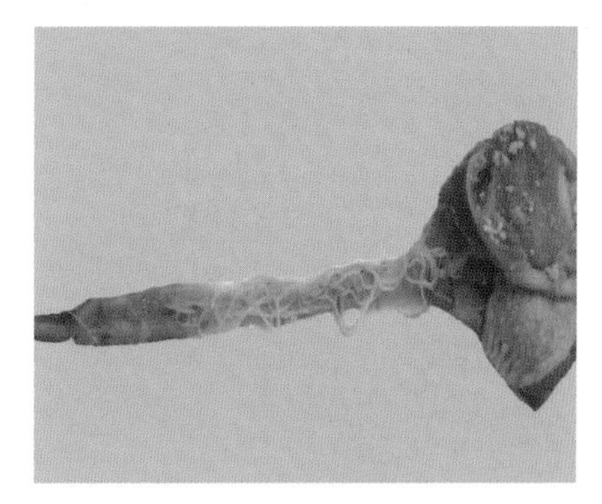

十二指肠段蛔虫

空肠段：蛔虫造成肠梗阻

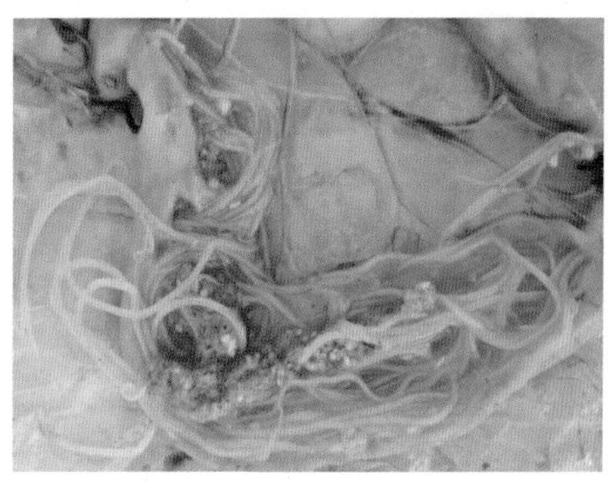

空肠内有大量成虫，致肠腔扩张

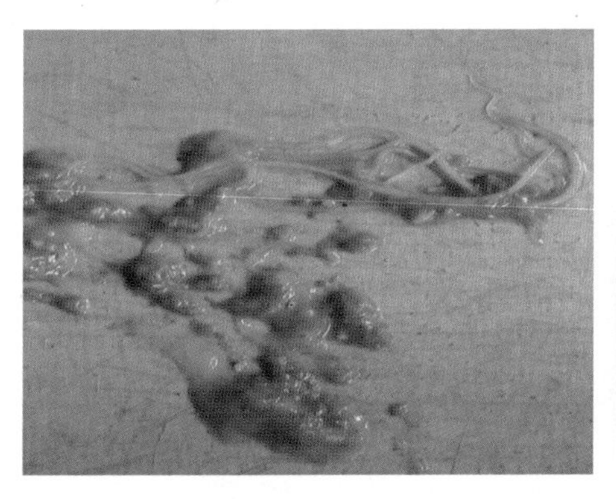

粪便中的蛔虫

肝脏淤血，呈黑紫色

【诊断要点】

（1）临床特征：大群鸡贫血、消瘦、腹泻。

（2）剖检变化：肠腔内有虫体。

【防控措施】

（1）成鸡多为传染源，注意雏鸡和大鸡分群饲养，不使用公共运动场。

（2）定期清洁鸡舍，保持清洁干燥，防止饲料、饮水被污染。

（3）定期消毒，对鸡粪堆积发酵等。

（4）在蛔虫病流行的黄鸡场，50 日龄时驱虫。

【规范用药】

（1）左旋咪唑：左旋咪唑属于咪唑并噻唑类抗寄生虫药，该类药物驱虫范围广，对鸡消化道的寄生线虫都有效。左旋咪唑可通过虫体表皮吸收，迅速到达作用部位，使延胡索酸还原酶失活，还可使虫体挛缩并迅速排出体外。一次用量，左旋咪唑按 20~30 毫克 / 千克体重喂服。

（2）丙硫苯咪唑和芬苯达唑：丙硫苯咪唑和芬苯达唑属于苯并咪唑类驱虫药，对线虫有较强的驱杀作用，对成虫、幼虫都有效，有些还有杀虫卵作用。该类药物多为细胞微管蛋白抑制剂，通过与虫体微管蛋白的结合而起到杀虫作用。一次用量，丙硫苯咪唑按 10~20 毫克 / 千克体重喂服，或选芬苯达唑按 20 毫克 / 千克体重喂服。

（3）伊维菌素：伊维菌素属于阿维菌素类药物，是由阿维链霉菌产生的一种新型大环内酯类抗寄生虫药，具有广谱、高效、用量小、安全等优点。该类药物可增强无脊椎动物神经突触后膜对氯离子的通透性，从而阻断神经信号的传递，使其神经麻痹而死亡。一次用量，伊维菌素按 0.1 毫克 / 千克体重喂服。

以上药物可任选一种，傍晚喂服，次日清早将粪便堆积发酵，以杀灭虫体或虫卵，间隔 5 天再用药一次。

三、绦虫病

绦虫主要寄生在黄羽肉鸡小肠前段，引起贫血、消瘦、下痢。

【病原及传播途径】绦虫呈扁平带状，多为乳白色。虫体分为头节、颈节和体节。头节吸附于鸡肠道，颈节发育生长出体节，体节发育为幼节、成节和孕节（孕卵节片）。

肠道内绦虫随粪便排出孕节，被中间宿主吞食后，经 2~4 周发育为似囊尾蚴。鸡吞食带有似囊尾蚴的中间宿主后，在小肠经 13~14 天发育为成虫，并排出成熟节片。绦虫病生活史较复杂，需要一个或两个中间宿主，主要是蚂蚁、甲克虫、苍蝇及一些软体动物。

接触不到这些中间宿主是不会感染绦虫的；散养黄鸡发病率高；一年四季均可发病，6~11 月多发。

【临床症状】病鸡消瘦、羽毛松乱无光泽、鸡冠发白和倒冠；采食量正常，但饮水增加；粪便稀薄，随粪便排出白色、大米粒大小、长方形绦虫孕节片。

绦虫附着于粪便表面

【病理变化】病变主要在小肠。小肠内有大量虫体，虫体乳白色，体长在 6~25 厘米；肠黏膜肥厚，有出血点，肠腔内有多量黏液。其他脏器无明显变化。

绦虫引起的红粪

粪便中的成熟绦虫

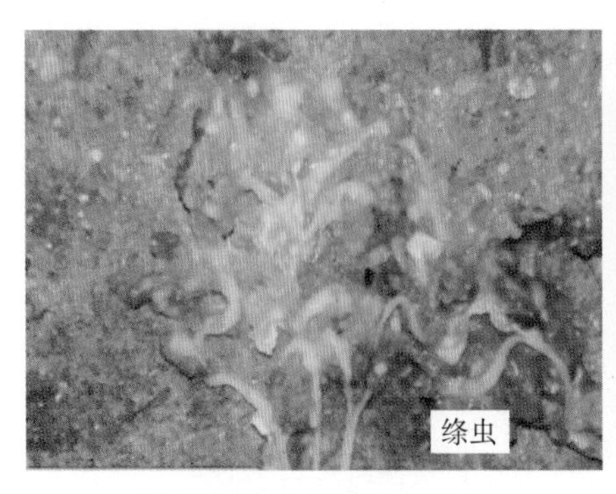

随粪便排出大量成熟绦虫

肠道内的幼小绦虫聚集生活

肠道内较大绦虫的虫体

空肠内有成虫绦虫

【诊断要点】

（1）临床特征：病鸡消瘦、腹泻，随粪便排出虫卵。

（2）剖检变化：肠道内有绦虫。

【防控措施】

（1）加强管理，定期消毒，及时清理粪便。

（2）散养鸡要在50日龄时驱虫，粪便堆积发酵。

（3）黄鸡饲养栏舍化，减少与中间宿主接触；养鸡场门窗要安装纱网，防止苍蝇入内，没有苍蝇的鸡舍基本不发生绦虫病。

【规范用药】常用的驱虫药物有盐酸左旋咪唑、丙硫苯咪唑、吡喹酮等。

（1）左旋咪唑属于咪唑并噻唑类抗寄生虫药，可通过虫体表皮吸收，迅速到达作用部位。一次用量，左旋咪唑按20~30毫克/千克体重喂服。丙硫苯咪唑属于苯并咪唑类驱虫药，一次用量，丙硫苯咪唑按10~20毫克/千克体重喂服。

（2）中药槟榔煎剂饮水，效果也很好。槟榔能驱杀多种肠内寄生虫，尤以绦虫最为有效。槟榔还有轻泻作用，有助于排出虫体。一次用量，禽1~3 克 / 只。

（3）吡喹酮对绦虫效果好，且毒性极小，是理想的新型广谱驱绦虫药。鸡内服吡喹酮后，经肠道迅速吸收，分布于组织，且能透过血脑屏障。吡喹酮驱虫效果较佳，按 20 毫克 / 千克体重拌料，集中一次投服，5 天后再用一次。吡喹酮第二次驱虫后产蛋率开始恢复，20 天后产蛋率恢复正常。

（4）给鸡群应用驱虫药，同时要连续饮用电解多维水，或每吨饲料添加鱼肝油 500 克，连用 5 天。

四、组织滴虫病

黄羽肉鸡组织滴虫病又称盲肠肝炎或黑头病，是一种急性原虫病。主要特征是盲肠出血肿大，肝脏有纽扣状坏死溃疡灶，对散养黄鸡威胁很大，规模笼养黄鸡零星发生。

【病原及传播途径】组织滴虫的生活史与异刺线虫、蚯蚓密切相关。鸡盲肠内同时寄生着组织滴虫和异刺线虫，组织滴虫可钻入异刺线虫体内，在卵巢中繁殖；异刺线虫卵可随鸡粪排出体外，蚯蚓吞食后，组织滴虫可随虫卵进入蚯蚓体内。当鸡吃了这种蚯蚓后，便可感染组织滴虫病。

本病春、夏季节常发，主要通过消化道感染。多见于 4 周至 4 月龄的黄羽肉鸡，散养鸡发病率较高。

【临床症状】本病潜伏期达 5 天以上，病鸡精神不振，食欲减退，翅下垂，头部皮肤发绀，呈硫黄色下痢，严重时粪中带血。病程短、死亡快，生长缓慢。

硫黄样盲肠稀便

【病理变化】主要表现为盲肠和肝脏病变。肝脏肿大，表面有特征性纽扣状、彩色凹陷坏死灶。盲肠肿大增粗，含有血液及炎性渗出物，病程久者可见红黄色腊肠状干酪样物。肠管内干酪样凝固物横切面，呈层状同心圆样。

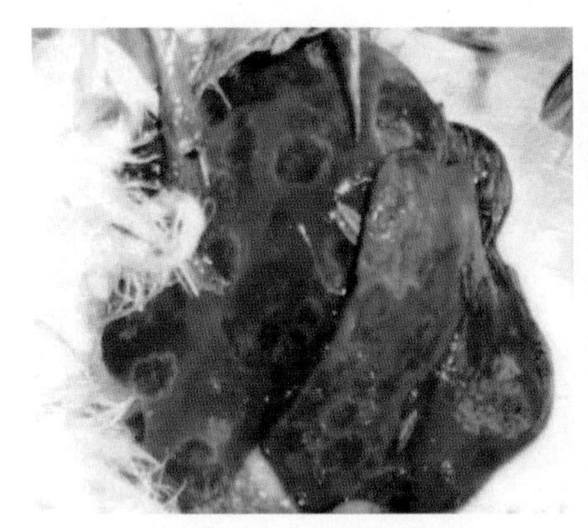
肝脏表面有彩色坏死灶

肝脏彩色凹陷坏死灶，肝脏发绿

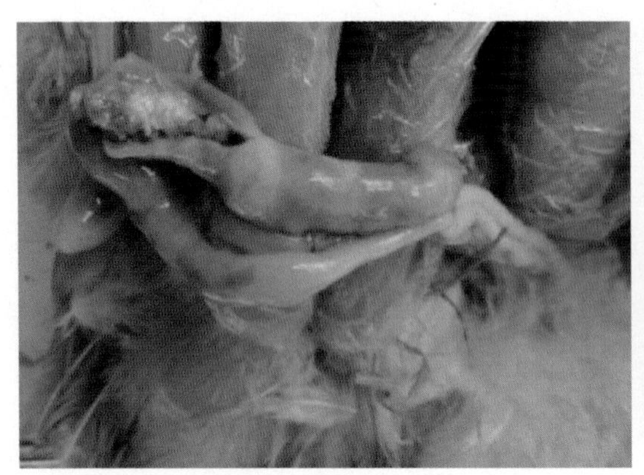
盲肠有干酪样栓子

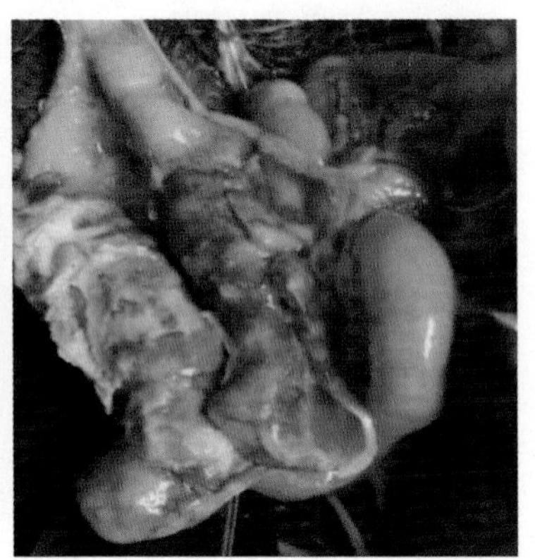
盲肠黏膜增厚、扩张

【诊断要点】

（1）临床特征：鸡头黑紫色，粪便暗黄色。

（2）剖检变化：肝脏坏死灶，盲肠硬、栓塞。

【防控措施】加强环境卫生和消毒工作，建议采用笼养方式，用驱虫净或伊维菌素定期驱除异刺线虫。

（1）驱虫净：主要成分是芬苯达唑（或丙硫苯咪唑）和伊维菌素。芬苯达唑和丙硫苯咪唑均属于苯并咪唑类驱虫药，具广谱、高效、低毒特点，能清除体内几乎所有的寄生虫，与伊维菌素联合使用可以增强驱虫效果。

（2）伊维菌素：伊维菌素具有广谱、高效、用量小、安全等优点。一次用量，伊维菌素按 0.1 毫克 / 千克体重喂服。

【规范用药】

（1）地美硝唑：地美硝唑具有广谱抗菌和抗组织滴虫的作用。产蛋鸡禁用。混饲，发病鸡群用 0.1% 地美硝唑拌料，连续用药 5~7 天，不得超过 10 天。肉鸡宰前 3 天停止给药。

（2）左旋咪唑或者丙硫苯咪唑：左旋咪唑属于咪唑并噻唑类抗寄生虫药，可通过虫体表皮吸收，迅速到达作用部位。丙硫苯咪唑属于苯并咪唑类驱虫药，一次用量，以 25~30 毫克 / 千克体重在饲料中添加左旋咪唑或者丙硫苯咪唑。

（3）给病鸡补充葡萄糖、维生素、鱼肝油等，以促进恢复。

五、住白细胞原虫病

鸡的住白细胞原虫病，又称白冠病，是由卡氏或沙氏住白细胞原虫寄生于鸡的红细胞、成红细胞、淋巴细胞和白细胞而引起的贫血性疾病。该病对黄鸡和肉种鸡危害严重，应引起足够重视。

【病原及传播途径】病原是住白细胞虫属的卡氏住白细胞虫和沙氏住白细胞虫，二者寄生于鸡的白细胞和红细胞中而发病。卡氏住白细胞虫致病力强，危害严重。该病是由吸血昆虫传播的，库蠓传播卡氏住白细胞虫病，蚋传播沙氏住白细胞虫病。该病有着明显的区域性和季节性。气温在 25℃以上流行严重，南方 4~10 月多发，北方 7~9 月多发，靠水源近的地域或雨水多时发病率高。中、大鸡较雏鸡易感，但雏鸡较成鸡发病率高。

【临床症状】雏鸡和成年黄鸡症状明显，死亡率高。病初发热，食欲不振，精神沉郁；流口涎，下痢，粪便呈绿色；贫血，鸡冠和肉垂苍白，生长发育迟缓。感染 12~14 天，病鸡突然因咯血、出血、呼吸困难而死亡。口流鲜血是卡氏住白细胞虫病的特异性症状。

中鸡和成鸡感染后病情较轻，死亡率也较低。病鸡冠苍白，贫血严重，消瘦，排水样的白色或绿色稀粪，生长发育受阻。

鸡冠贫血，色变淡

嗉囊积血，口角流血

【病理变化】剖检，嗉囊积血，口角流血，皮下胶冻样浸润，全身性皮下出血，肌肉（尤其是胸肌、腿肌、心肌）有大小不等的出血点；各内脏器官出血，肺脏出血、黑紫色，腺胃出血、松弛，肌胃肌肉出血，肉鸡睾丸出血，肾脏出血，胰腺出血、水肿，肝脏肿大、出血、黄染等。

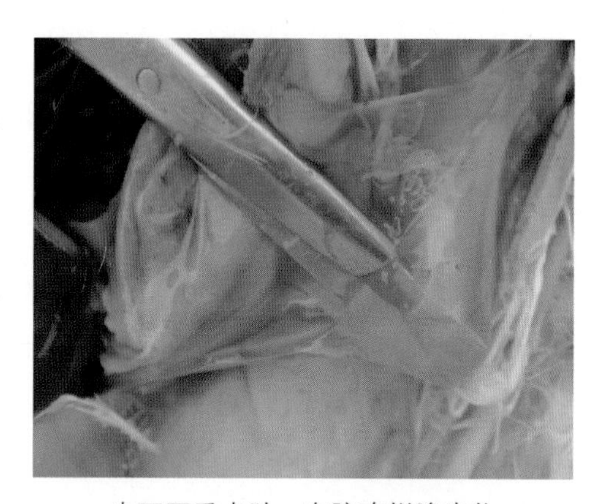

皮下严重水肿，有胶冻样渗出物

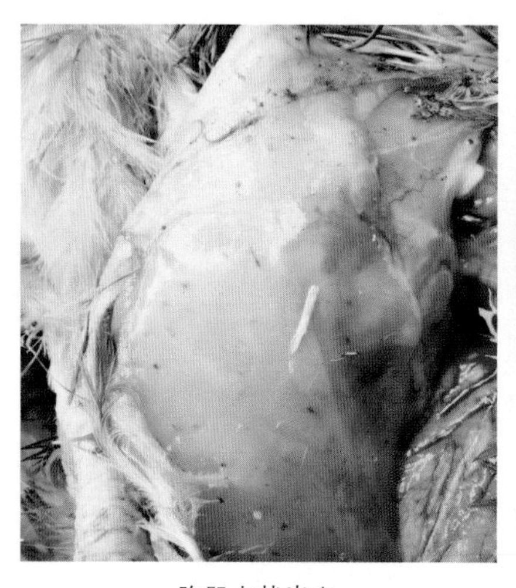

胸肌点状出血

腿肌明显出血

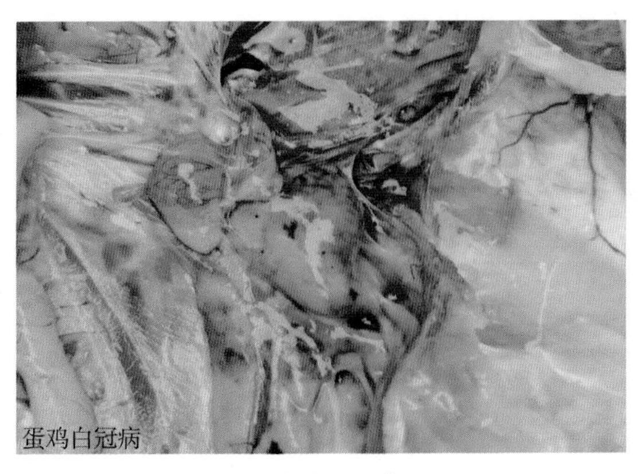

心肌外膜明显出血

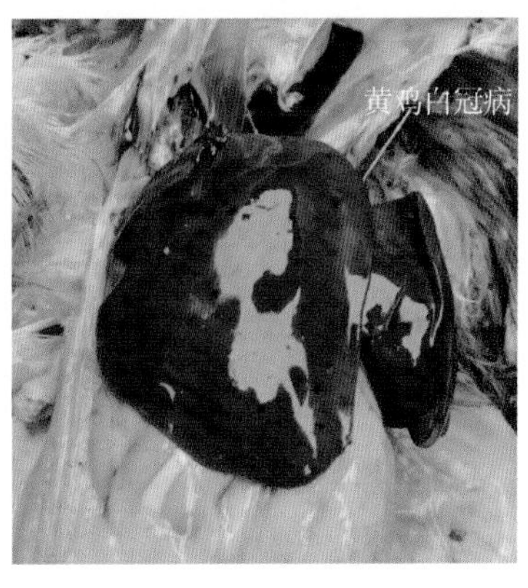

肝脏肿胀，有出血点

胆囊肿胀，充满胆汁

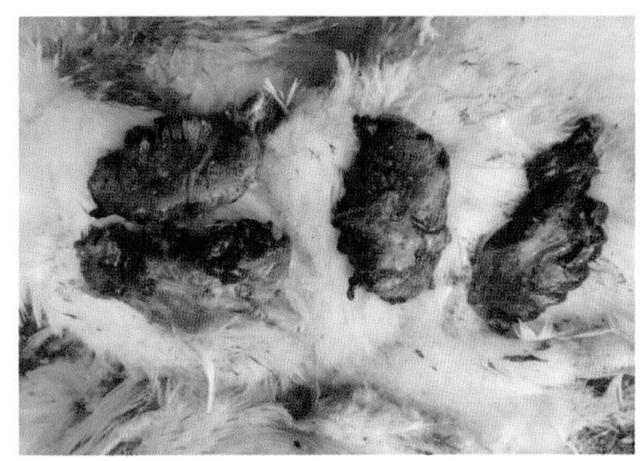

肺脏出血

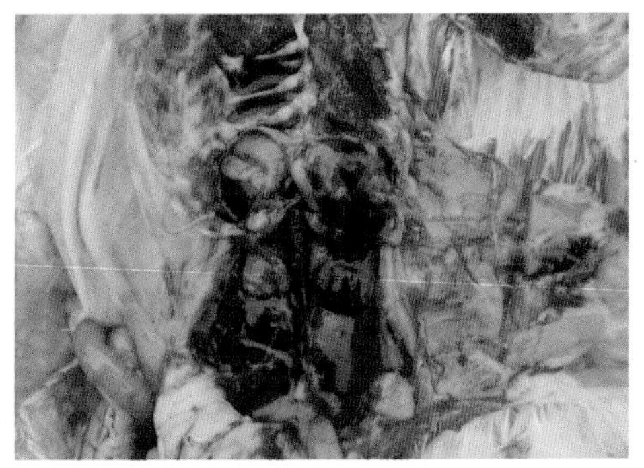

肾脏严重出血，凝集成块

胰腺苍白，有明显出血点

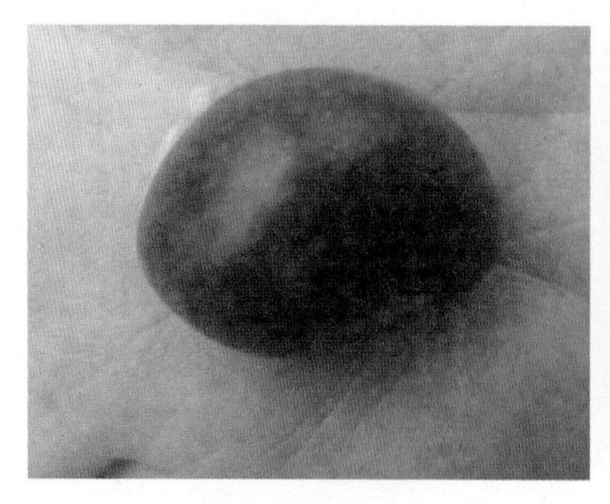

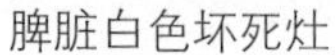
脾脏白色坏死灶

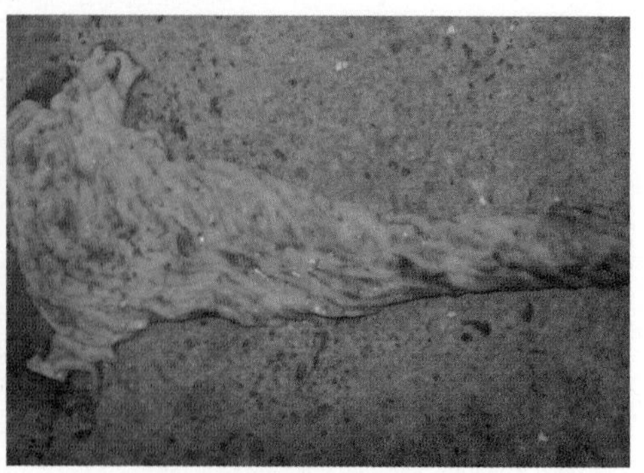
种鸡输卵管黏膜有明显出血点

【诊断要点】

（1）临床特征：夏季多发，冠髯苍白，黄绿稀便，急性死亡。

（2）剖检变化：各器官出血，皮下水肿，口流鲜血，多器官出血、黄染。

（3）实验室诊断：取鸡外周血一滴，涂片姬氏或瑞士液染色，高倍显微镜下有虫体出现。

【防控措施】

（1）搞好环境卫生，夏秋季节鸡舍安装纱门纱窗，严防蚊、蝇、虫侵扰。

（2）因为住白细胞原虫在细胞内需 21~28 天的成熟期，因此，在蚊蝇活动频繁季节，每月都应给鸡群饲喂中药成分的药物，防治白冠病。

【规范用药】

（1）磺胺间甲氧嘧啶：磺胺类药，用于治疗畜禽的全身感染、肠道感染等，还可以抗原虫感染，如鸡球虫病、住白细胞原虫病。磺胺间甲氧嘧啶易于被肠道吸收。在应用磺胺类药物时，必须要有足够的剂量和疗程。首次量加倍，内服，50~100 毫克 / 千克体重；维持量 25~50 毫克 / 千克体重，用药 1~2 次。

（2）地克珠利：混饲（以地克珠利计），1 克 / 吨。长期使用本品易导致耐药性，故应穿梭用药或短期使用。鸡的休药期为 5 日。本品混料浓度极低，药料应充分拌匀，否则，影响疗效。蛋鸡产蛋期禁用。

（3）海南霉素：海南霉素仅用于鸡，其他动物禁用。混饲（以海南霉素计），5~7.5 克 / 吨。休药期为 7 日。需要注意的是，蛋鸡产蛋期禁用。

鸡使用海南霉素后，粪便切勿用作其他动物饲料，更不能污染水源。

（4）中药用于防治白冠病作用明显，值得推广。

（5）贫血严重的鸡群，要适当提高饲料中蛋白的含量，及时补充具有补血造血功能的药物，如中药、维生素 K_3 粉及维生素 B_{12} 等。

第四章
普通病

一、啄癖症

啄癖症是家禽对饲料以外的物品有异常啄食嗜好。处于应激状态下的肉鸡群常发生啄癖症，在缺乏某些营养元素的散养鸡群发病率更高。发生啄癖的鸡群生长迟缓，时有死亡，还易继发细菌感染，造成一定的经济损失。

【病因】啄癖症大多是由营养、环境、管理、疾病等因素引起的。

（1）营养元素缺乏：钙、磷缺乏或比例不当，缺乏氯和钠离子，缺硫，氨基酸不平衡，饲料霉变等因素，会导致啄羽、啄肛，甚至叨啄内脏等。

（2）环境应激：通风不良，养殖密度过大，光照过强，食槽、水槽面积不足等，都会引发啄癖症。

（3）寄生虫：羽虱可引起皮炎、断羽，造成啄羽，甚至脱羽；前置吸虫病致肛门外翻，易发生啄肛。

（4）激素：雌激素和孕酮、公鸡雄激素的增长，可促发啄癖。

（5）生殖道疾病：新城疫、传染性支气管炎、大肠杆菌病、衣原体病等常引起生殖道疾病，可导致脱肛、啄肛。

【临床症状】啄癖症可分为啄羽癖、啄肛癖、啄趾癖及异食癖。

【诊断要点】啄羽，啄肛，异食。

黄鸡群体背部羽毛被啄

肉鸡群体发生互啄

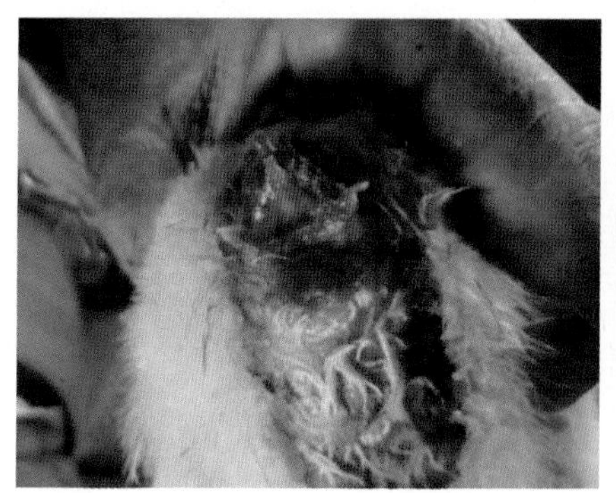

雏鸡尾尖及肛门被啄出血

黄鸡腹腔内脏已被啄空

肉雏鸡因光线太强，诱发群体啄肛

肉鸡异食塑料绳

【防控措施】

（1）严格按饲养管理规程控制光照时间，光照过强会导致啄癖增多。

（2）养殖密度要适宜，为鸡只提供足够的空间，可减少啄癖发生。

（3）提供全价营养的平衡日粮，注意氨基酸平衡，避免单一，会收到良好效果。

（4）及时移走互啄倾向较强的鸡只，单独饲养。

【规范用药】

（1）隔离被啄鸡只，在被啄的部位涂以龙胆紫。

（2）在日粮中添加0.2%蛋氨酸，能减少啄癖的发生。

（3）缺硫鸡群每天补充0.5~3克生石膏粉，啄羽癖会很快消失。

（4）对于缺盐引起的啄癖症，可在日粮中添加1.5%食盐，连续3~4天即可，不能长期饲喂，以免食盐中毒。或按日粮0.5%掺入河沙。

（5）已形成啄癖症的鸡群，可将舍内光线调暗或遮挡窗户，也可将瓜藤、块茎类和青菜等任其啄食，既补充纤维素，还可分散注意力。

二、腺胃炎

腺胃炎即腺胃黏膜的炎症，有时炎症侵害腺胃壁全层。近年来腺胃炎有逐年增多的趋势，危害性越来越大。一是发病日龄提前，有的雏鸡出壳后既有腺胃肿胀；二是发病率提高，有的鸡群可高达35%以上；三是病因越来越复杂，不是单一病因，而是多病因协同，所以要正确诊断；四是多器官损伤，不仅是腺胃发生炎症，而且波及肌胃、肠道、肝脏、脾脏和其他免疫器官，给治疗带来难度；五是全年发病，损失惨重，病死亡率达30%以上，而且混合感染居多。此病已成为白羽肉鸡、黄羽肉鸡养殖生产中的常发病。

【病因】病因复杂，既有管理因素，如通风不良、湿度过高、洗澡鸡易发生、脂肪酸败、营养成分缺乏，又有传染因素，如H9流感、呼肠孤病毒病、腺病毒病、腺胃型传染性支气管炎等。既有垂直传播的疾病因素，如传染性贫血、网状内皮细胞增生症等，又有普遍的霉菌及霉菌毒素感染。

【流行特点】

（1）本病可侵害白羽肉鸡、肉杂鸡、黄羽肉鸡。

（2）一年四季均可发病，夏季严重。

（3）1~44 日龄肉鸡都可发病，一般病程 2 周。

（4）本病可垂直传播和水平传播。

（5）临床发现，鸡痘可促发腺胃炎。

（6）霉菌及霉菌毒素的破坏作用极大。

（7）本病会造成鸡早期免疫抑制，中期采食抑制，后期生长抑制，导致养殖效益低下。

【临床症状】病鸡初期羽毛蓬乱，精神倦怠，翅膀下垂；随后采食减少，相差 2~5 天的料，甚至更多，粪便黄白色；呼吸困难，有的出现神经症状；后期则出现死亡，大群鸡生长不均匀、增重慢，有的白腿、白爪，严重贫血。多数鸡群混合感染其他疾病。

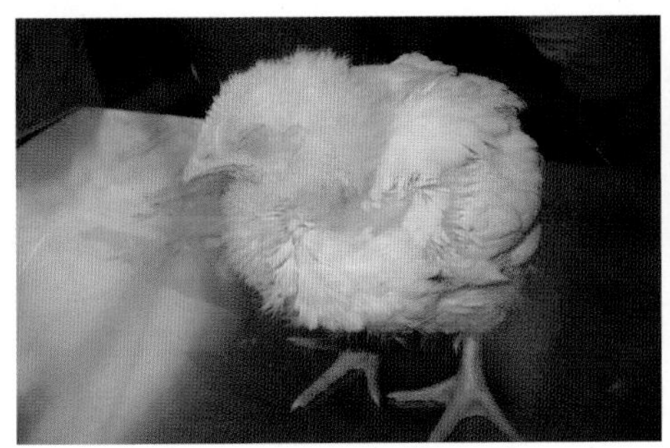
眼炎：肿眼、流泪

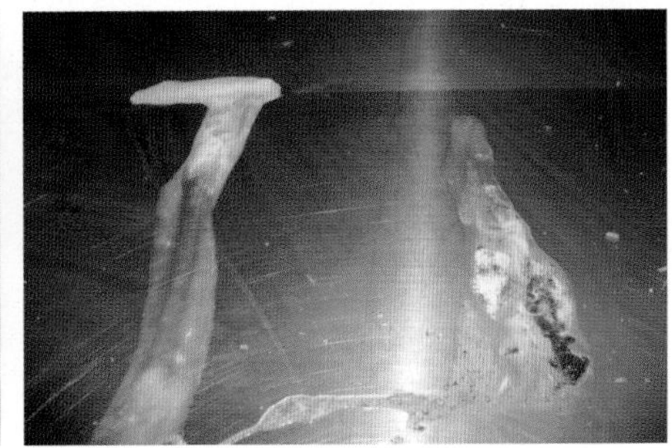
粪便黄白、黄绿色

育雏舍高温且干燥，雏鸡洗澡过水，易发腺胃炎

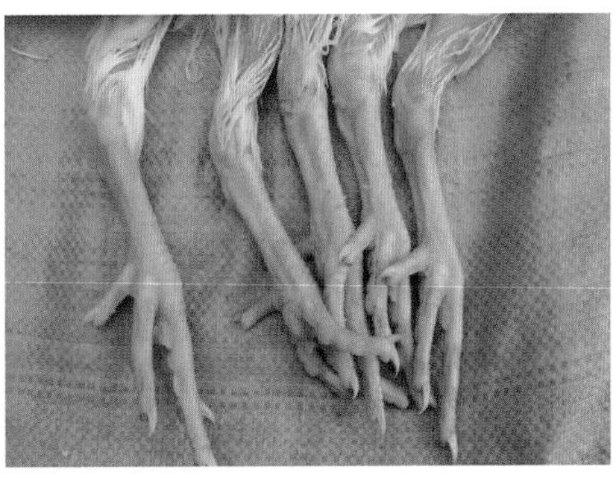
贫血：白腿、白爪

【剖检变化】剖检，可见明显的腺胃肿胀，腺胃壁水肿增厚，腺胃壁外翻，腺胃黏膜糜烂，肌胃黏膜溃疡，肝脏肿胀；胸腺、脾脏、法氏囊萎缩；肌胃变小；肠道黏膜出血等。近年来发现腺胃肿与不肿都是腺胃炎。

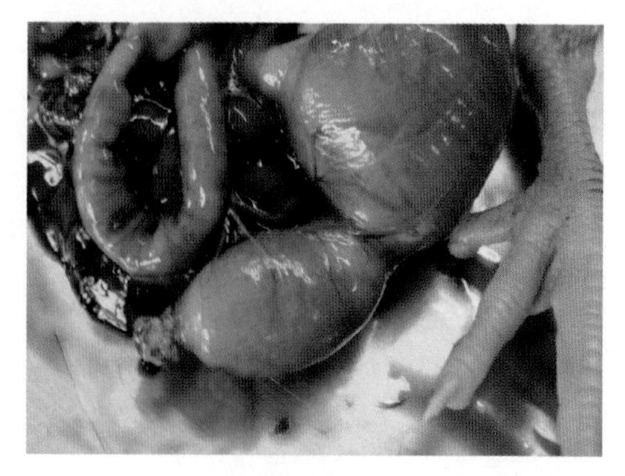

腺胃肿胀如球

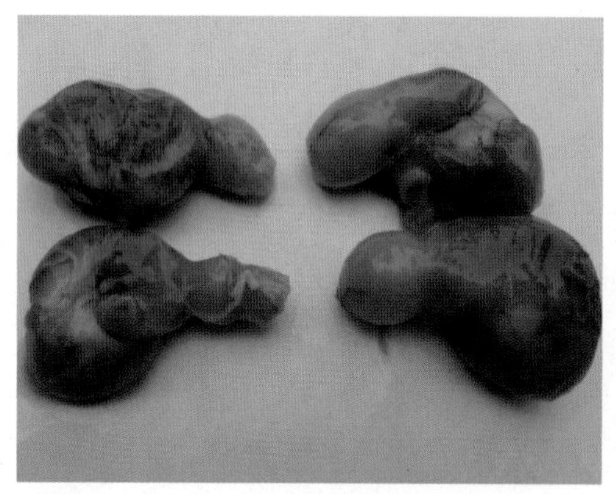

1 日龄雏鸡腺胃肿胀

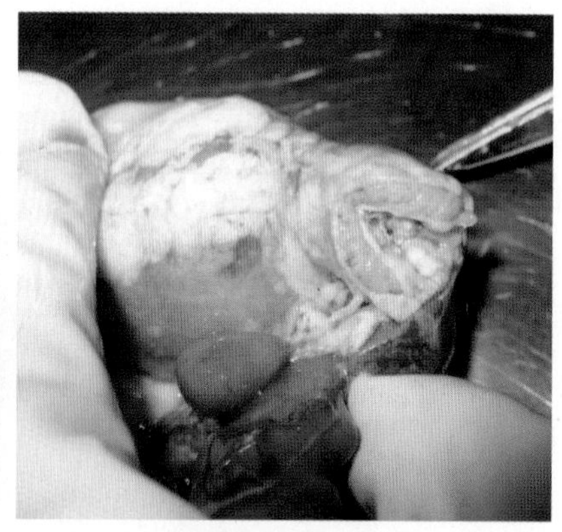

腺胃壁肿胀、增厚

切开腺胃壁，呈外翻状

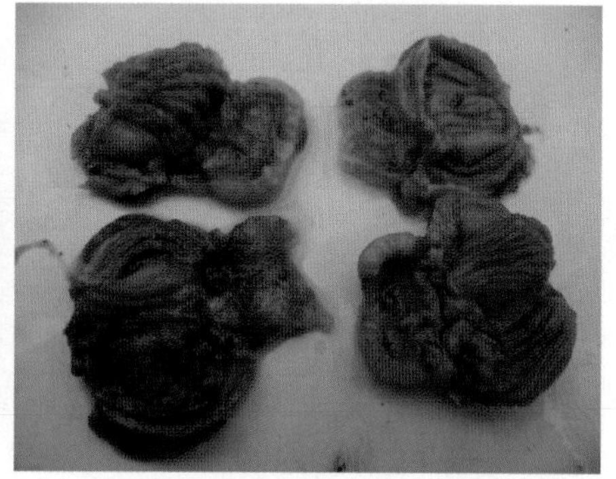

腺胃黏膜出血

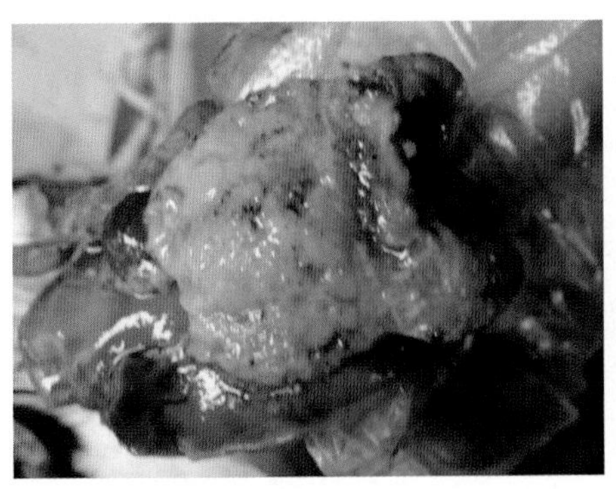

腺胃黏膜高度糜烂、出血

腺胃炎易引发肌胃黏膜溃疡

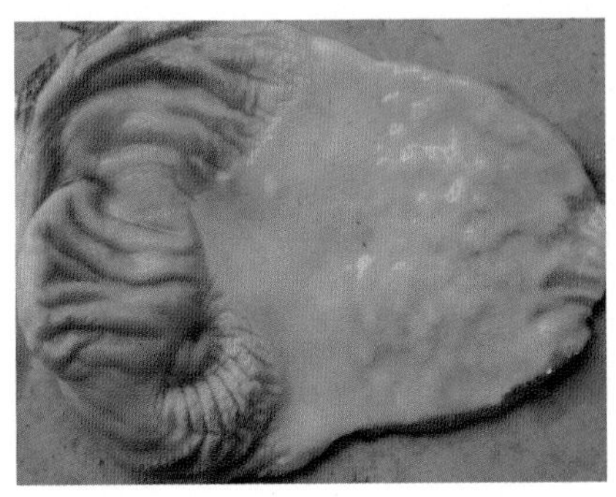

呕吐毒素所致的腺胃炎，不仅不肿，反而松弛

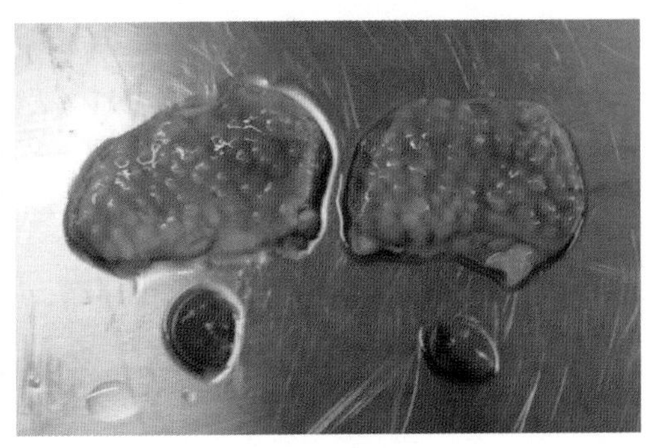

脾脏明显萎缩

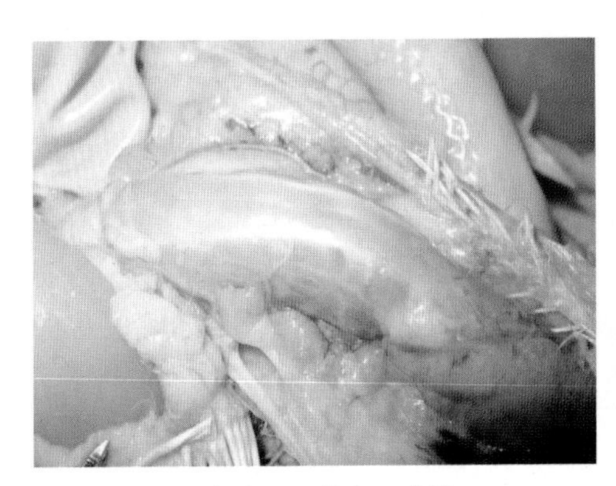

胸腺贫血、苍白、萎缩

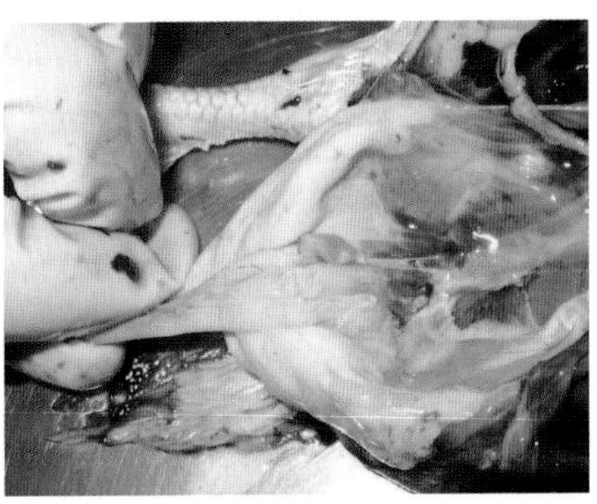

法氏囊萎缩，局部变平，无球状凸起

【诊断要点】

（1）临床特征：采食减少，生长不匀，严重贫血。

（2）剖检变化：腺胃肿胀、松弛、糜烂，免疫器官萎缩。

【防控措施】

（1）种鸡要全面防疫，效果要确实，必要时要净化。

（2）舍内调节好温、湿度和保持良好通风，可间隔限饲。

（3）饲料营养要全面均衡，维生素 A、B、E 添加充足。

（4）1~5 日龄雏鸡，保护肝和胃，提高免疫力，对后期生长有积极意义。

（5）防止饲料脂类物质过度氧化，切忌饲喂霉菌超标的饲料。

【规范用药】

（1）由于病因复杂，尚无特异性治疗办法。霉菌及霉菌毒素为主要诱因，另有病毒感染，特别是造成免疫抑制。因此，治疗本病应该解除免疫抑制，抗毒消炎，保肝和胃，对症治疗。

（2）防治腺胃炎的药物，要具有中和胃酸、修复胃黏膜、解除毒素三方面作用，临床能达到“消炎、消肿、消食”3 个标准。

（3）中和胃酸分泌临床常用碳酸氢钠，按 0.3%~0.5% 每天可饮水 6 小时。

（4）维生素 A 可修复胃黏膜。

（5）防止饲料过度氧化和酸类物质对胃黏膜的侵蚀，可应用维生素 E。

（6）山楂、陈皮、厚朴等，可健胃、消食、助消化。

三、肌胃炎

肌胃炎即肌胃溃疡，是肌胃角质膜的溃疡性、糜烂性炎症。近年来肌胃炎普遍发生，夏季多发，死淘率高。肌胃炎的危害性已经超过了腺胃炎，典型特征为肌胃角质层的龟裂、溃疡、穿孔、脱落，有的则是角质层糖衣脱色而变淡。

【病因】正常的肌胃黏膜上分泌有一层黄色的糖蛋白，称为塑化剂，使肌胃黏膜（中兽医称为“鸡内金”）坚韧硬固。这一角质层有机械性压榨、磨碎饲料的作用，是不会轻易发生溃疡的。一旦角质层的黄色脱失、完全变白或发生龟裂、溃疡，则不能碾碎大颗粒饲料。

肌胃溃疡发生的原因非常复杂，有病毒性因素，如传染性贫血、禽流感等；有药物因素，如大量使用化学药物、重金属等；有饲料原料因素，如饲喂劣质或假的玉米蛋白粉等，更重要的是霉菌及霉菌毒素污染。本病全年可发，夏季为高发期，高温高湿促进了霉菌及霉菌毒素感染。

【临床症状】病鸡精神沉郁，戗毛缩颈，闭眼嗜睡；采食量急剧下降，而且专挑碎料吃；粪便中含有大量未能消化的“完谷”，俗称“料粪”；渐进性消瘦，体重不达标，个体不均匀，肉料比明显增高。

【病理变化】特征性病变是肌胃严重溃疡、糜烂、脱落、穿孔；有的肌胃角质层未发生糜烂，但黄色消失或变淡，实为胃溃疡；小肠内存有未消化的饲料；易继发梭菌感染。

粪便内含有未消化的大颗粒玉米

1 日龄肉鸡肌胃炎

肌胃炎多与腺胃炎并发

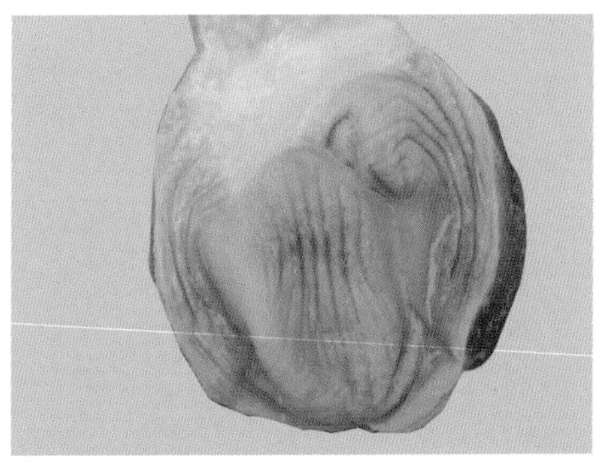

一度肌胃炎：由腺胃移行部逐渐向肌胃溃疡

二度肌胃炎：由腺胃移行部放射状向肌胃溃疡

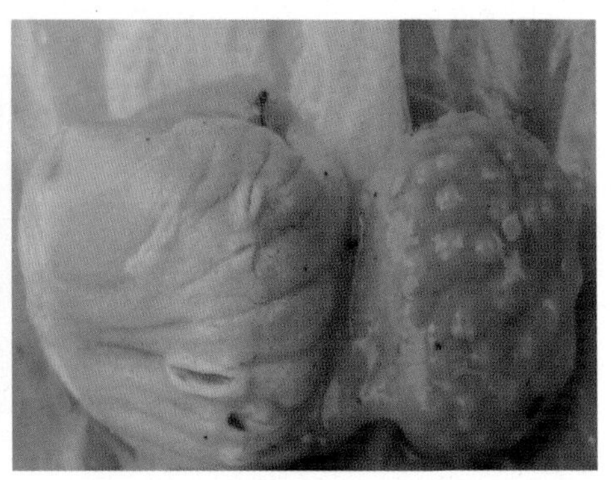

三度肌胃炎：在肌胃角质膜上出现较为严重的豆状溃疡，有穿孔趋势

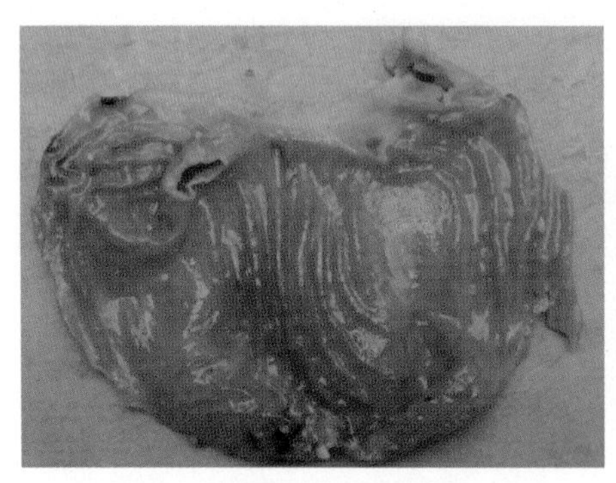

四度肌胃炎：角质膜上出现火山口样穿孔

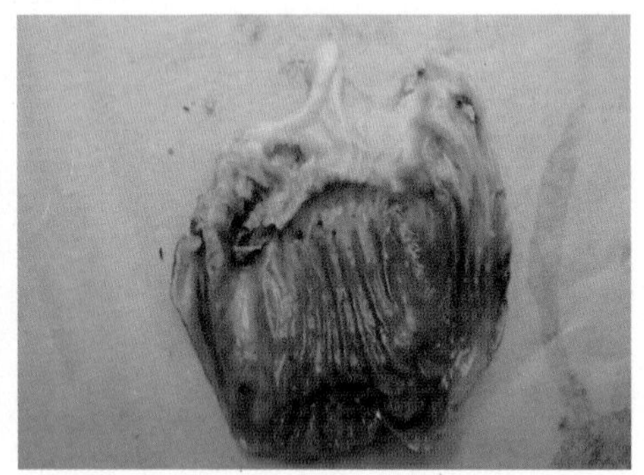

肌胃炎：因硫酸铜液浓度太高，造成角质层穿孔

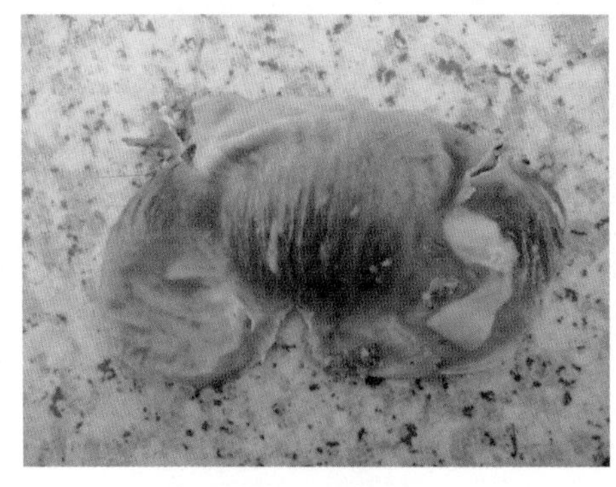

角质膜底层完全霉变，溃疡

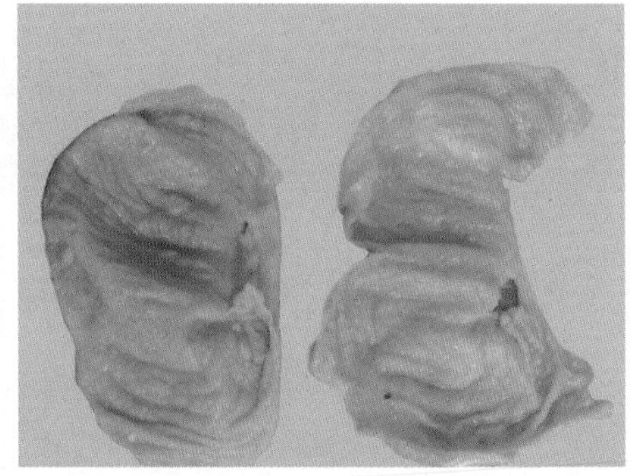

角质膜原黄色褪色、变淡变白，失去机械性消化功能

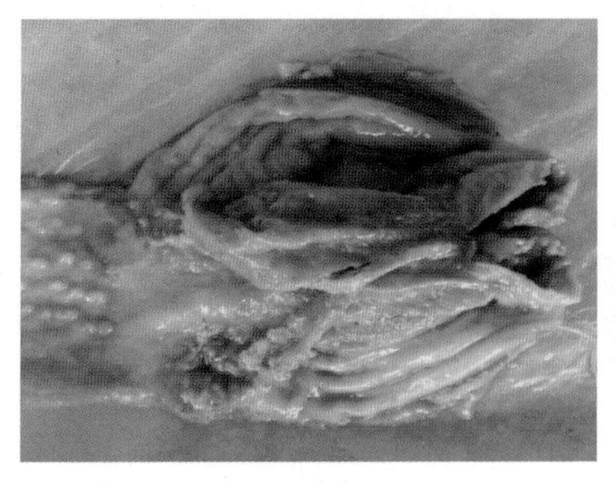

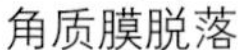
角质膜脱落

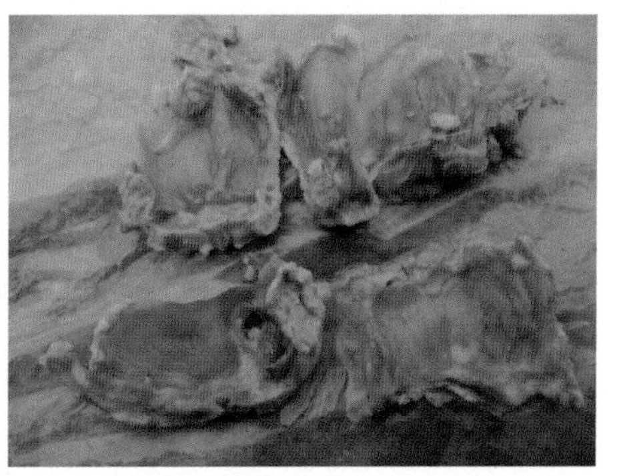

喂新玉米造成的角质膜严重崩解

【诊断要点】

（1）临床表现：缩脖戗毛，大群减料，剩大粒料，料便腹泻。

（2）病理变化：特征性肌胃溃疡、糜烂。

【防控措施】

（1）搞好饲养管理，控制好温、湿度。

（2）不要盲目大剂量应用容易造成胃肠溃疡的药物。

（3）防止饲料原料被霉菌及霉菌毒素污染。饲养场要少进勤进料，不要一次进太多，以免鸡舍高温高湿导致发霉。

（4）高度重视水线的定期清洗。

【规范用药】

（1）对病毒病的协同感染，要针对性应用抗病毒药物。

（2）针对溃烂的肌胃黏膜，要采用“驱霉菌、解毒素、抗氧化、促修复”的治疗原则，用药后要达到“止血、止痛、止裂”三止的治疗效果。

（3）饲料配制过程中添加脱霉、解霉、分解毒素等药物，意义重大。

（4）用维生素 E 和其他抗氧化剂治疗肌胃溃疡，效果确切。

（5）维生素 A 可加速肌胃溃疡的愈合。

（6）用 0.05%~0.075% 硫酸铜溶液，每天饮水 5~6 小时，对肌胃溃疡严重病例效果极佳。注意硫酸铜饮水的添加量不能按全天饮水量计算，而要按实际饮水量计算，否则，会造成肌胃穿孔。

（7）控制好腺胃炎，才能更好地治疗肌胃炎。

四、B 族维生素缺乏症

B 族维生素常用的有 12 种以上。B 族维生素主要参与鸡体内物质代谢，是各种生物酶的重要组成成分。各种维生素 B 之间的作用相互协调，一旦缺乏某一种，就会引起另一种机能发生障碍，缺乏时常呈现综合征。临床上，以维生素 B_1、B_2、B_3、B_4、B_5、B_6、B_{11}、B_{12} 等的缺乏症多见。

【病因】肉鸡生长速度快，饲料中维生素稍有不足，即会出现缺乏症状。

（1）维生素 B 族来源广泛，除玉米缺乏维生素 B_5（烟酸）外，一般饲料中都很齐全，但易被氧化破坏，导致缺乏症。

（2）肠道正常微生物群可制造维生素 B，在高热、不食和拉稀的情况下，B 族维生素会大量消耗或合成障碍，而引起缺乏症。

（3）长期饲喂缺乏维生素 B 的饲料，肠道疾病（如球虫、肠毒症等）妨碍其吸收时，均会导致 B 族维生素缺乏症。

B 族维生素是推动体内代谢，把糖、脂肪、蛋白质等转化成热量时不可缺少的物质。B 族维生素都是水溶性的，多余的 B 族维生素会完全排出体外，所以，B 族维生素必须每天补充。

【临床症状】B 族维生素缺乏症的共同症状是消化机能障碍，腹泻、消瘦；毛杂乱，无光泽，少毛、脱毛；皮炎，瘫痪，有神经症状或运动机能失调。

1. 维生素 B_1 缺乏

维生素 B_1 又称硫胺素，雏鸡缺乏硫胺素 5~7 天即可出现症状。病鸡头向背后极度弯曲，呈角弓反张状“观星”姿势。由于腿麻痹不能站立和行走，病鸡以跗关节和尾部着地，坐在自己的腿上。

雏鸡歪脖，有神经症状

2. 维生素 B_2 缺乏

维生素 B_2 又称核黄素，雏鸡缺乏核黄素 5~7 天会发生腹泻，生长缓慢。特征性症状是足趾向内蜷曲，不能行走；以跗关节着地，两腿发生瘫痪、劈叉，展开翅膀以维持身体平衡。

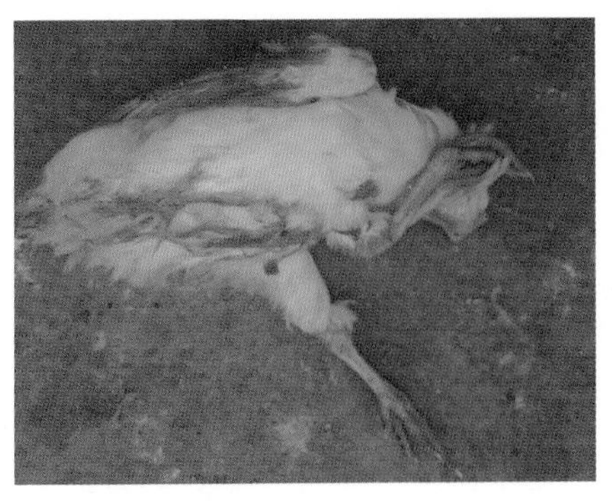

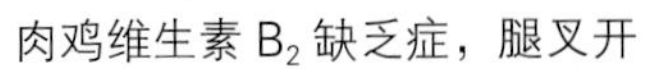

肉鸡维生素 B_2 缺乏症，腿叉开　　黄鸡腿劈叉，爪呈“攥拳”状

3. 维生素 B_3 缺乏

维生素 B_3 又称泛酸，是辅酶 A 的成分，而辅酶 A 与碳水化合物、脂肪和蛋白质代谢有关。

雏鸡缺乏泛酸会表现生长受阻，羽毛粗糙，出现皮炎，口角有局限性痂块；脚趾有痂皮，以致行走困难；形成肌胃黏膜溃疡。母鸡所产蛋孵化时，出现死胎。

维生素 B_3 缺乏时，口角结痂

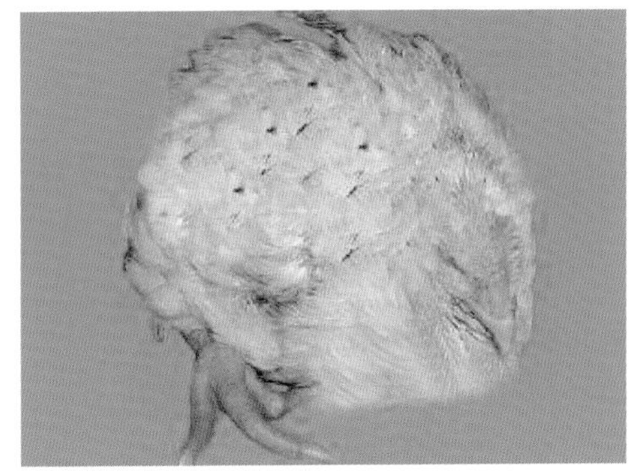

维生素 B_3 缺乏症，爪内弯曲

4. 维生素 B_4 缺乏

维生素 B_4 又称胆碱，肉种鸡胆碱缺乏时易发生脂肪肝。脂肪在肝细胞内过分堆积，会影响肝脏的正常功能，甚至引起肝细胞破裂，肝出血而死亡。

病死鸡腹腔内脂肪大量沉积，特别是腹部，肌胃和腺胃的外周都有一层厚厚的脂肪；肝脏肿大、出血、质脆，并有油腻感。

5. 维生素 B_5 缺乏

维生素 B_5 又称烟酸或尼克酸，烟酸性质比较稳定，不易被热、氧、光和碱所破坏。它是参与体内酶系统的一种维生素，对机体的碳水化合物、脂肪和蛋白质代谢起主要作用。当机体缺乏烟酸时，可引起新陈代谢的障碍。

鸡烟酸缺乏的症状为食欲减退，生长迟缓，羽毛蓬松，关节肿大，皮炎龟裂，腿骨弯曲。

肝脏脂肪变性，有油腻感

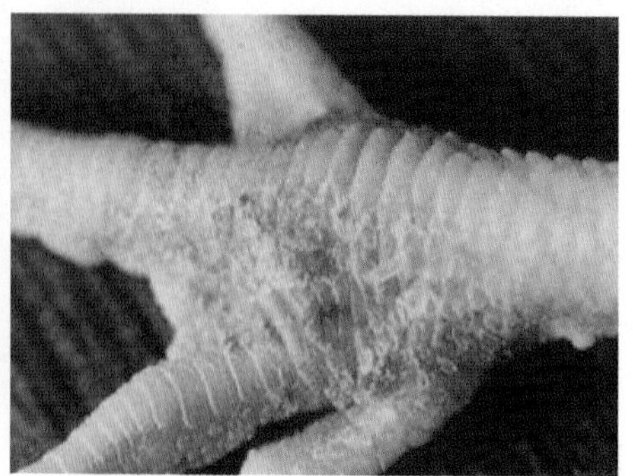

维生素 B_5 缺乏症，趾部皮炎龟裂

6. 维生素 B_6 缺乏

维生素 B_6 又称吡哆醇，雏鸡吡哆醇缺乏时食欲下降，生长不良，表现贫血和特征性的神经症状。病鸡双脚神经性颤动，强烈痉挛抽搐而死亡。

7. 维生素 B_{11} 缺乏

维生素 B_{11} 又称叶酸，雏鸡叶酸缺乏时生长不良，羽毛不正常，贫血和骨短粗症。特征性症状是头颈抬不起来，呈“软脖子”状。若叶酸与维生素 B_{12} 同时缺乏时，可使核蛋白的代谢发生紊乱，导致营养性贫血。

维生素 B_6 缺乏症，痉挛抽搐

叶酸缺乏，表现典型“软脖子”症状

【诊断要点】根据典型特征即可确诊。

【防控措施】

（1）平衡饲料营养：科学配制饲料至关重要，既要满足肉鸡生长需要，又要避免营养的不平衡和 B 族维生素缺乏，做到营养合理与全面。

（2）补充益生菌：肠道中双歧杆菌在增殖代谢的过程中，能够产生维生素 B_1、B_2、B_6、B_{12} 和烟酸、叶酸、泛酸等，提高 B 族维生素在机体内的含量。因此，饲喂补充益生菌是有益的。

（3）补充胆汁酸：胆汁酸可帮助脂肪消化和吸收，疏通胆道，能有效治疗病情较轻的脂肪肝。

（4）防控球虫病：能有效改善肠道对营养成分的吸收，避免各种维生素缺乏。

【规范用药】

（1）维生素 B_1 缺乏：硫胺素 10~20 毫克 / 千克饲料，连用 1~2 周。重者肌注，雏鸡 1 毫克，成鸡 5 毫克，每日 1~2 次，连用 5 日。饲料中提高多种维生素和麸皮的比例。

（2）维生素 B_2 缺乏：核黄素，雏鸡 2 毫克 / 只，育成鸡 5~6 毫克 / 只，成鸡 10 毫克 / 只。

（3）维生素 B_3 缺乏：长期饲喂以玉米为主的饲料而又未补给泛酸，可引起雏鸡的泛酸缺乏症。发病鸡：泛酸钙 8 毫克 / 只；病鸡群用泛酸钙，20~30 毫克 / 千克饲料，连用 2 周。

（4）维生素 B_4 缺乏：每吨饲料添加 50% 氯化胆碱 3 千克，维生素 E 1 万国际单位，维生素 B_{12} 12 毫克，连续治疗两周。

（5）维生素 B_5 缺乏：饲料内添加色氨酸、啤酒酵母、米糠、麸皮、豆类、鱼粉等富含烟酸的原料。病鸡口服烟酸 30~40 毫克 / 只，雏鸡 26 毫克 / 千克饲料，生长鸡 11 毫克 / 千克饲料，蛋鸡为每天 1 毫克。

（6）维生素 B_6 缺乏：雏鸡 6.2~8.2 毫克 / 千克体重，成鸡 4.5 毫克 / 千克体重。

（7）维生素 B_{11} 缺乏：治疗病鸡最好肌注纯叶酸制剂 50~100 微克，在 1 周内可恢复正常；口服叶酸，500 微克 /100 克饲料，效果较佳。若配合应

用维生素 B_{12}、维生素 C，疗效更好。经验证明：紧急应用味精，1 千克水加味精 1 克，灌服后几个小时即可恢复。

（8）维生素 B_{12} 缺乏：维生素 B_{12} 12 毫克 / 吨饲料，连续应用 1 周。

（9）B 族维生素之间有协同作用，即一次摄取全部 B 族的维生素，要比分别摄取效果更好。因此，在防治肉鸡维生素缺乏症时，除针对性应用维生素外，还应全面添加复合维生素 B。

五、维生素 D 缺乏症

维生素 D 缺乏症是鸡的钙、磷吸收代谢障碍，骨骼生长受阻，以雏鸡佝偻病和缺钙症状为特征的营养缺乏症。鸡维生素 D 缺乏，可造成巨噬细胞吞噬杀伤作用减弱，免疫因子活性被抑制，抗原递呈功能受影响。病鸡骨骼、喙软化，如同橡胶一样，生长缓慢，不能正常站立。

【病因】病鸡患维生素 D 缺乏症，主要是因为得不到阳光照射和饲料中维生素 D 含量不足。鸡舍内保持适当的光照强度，可以预防维生素 D 缺乏症。机体消化吸收功能障碍，患有肝肾疾病的鸡群也会发生该症。

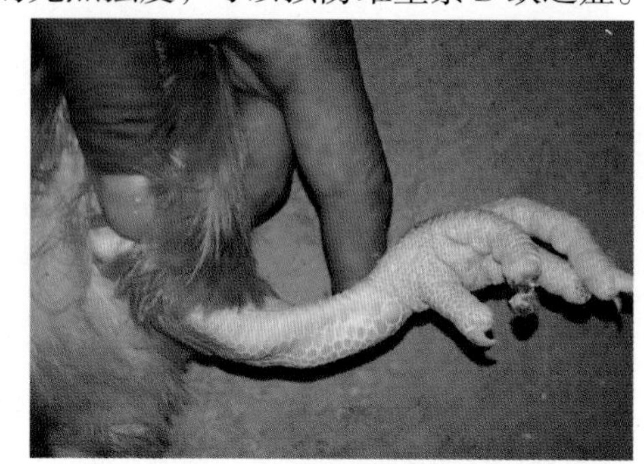

腿骨弯曲变形

【临床症状】维生素 D 缺乏病变主要见于骨骼和甲状旁腺。骨骼生长发育受阻，质地变软，龙骨变形；肋骨头肿大，肋骨向下向后弯曲；皮质骨增厚且骨髓腔狭窄，胫骨或股骨钙化不全，弯曲或骨折。

【诊断要点】胸骨弯曲，跖骨弯曲，股骨颈易骨折。

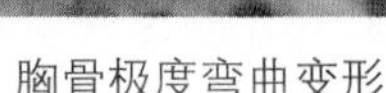

胸骨极度弯曲变形

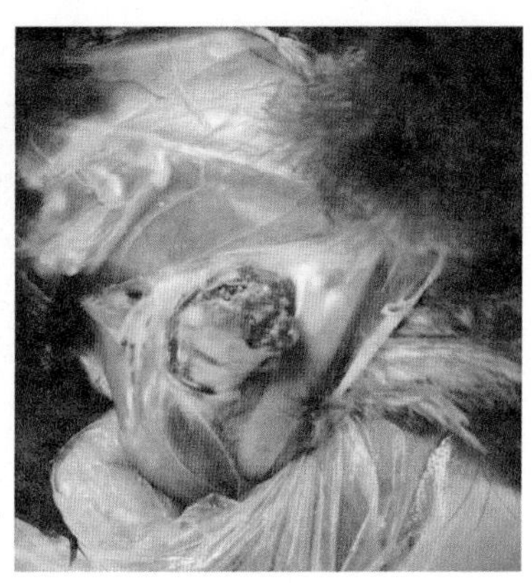

股骨颈骨折

【规范用药】临床鸡群钙缺乏时要分析原因，如钙本身不足，钙、磷比不当，肠道吸收障碍，维生素 D_3 缺乏。

维生素 D_3 可促进钙的吸收。如果雏鸡缺乏维生素 D，则出现长骨弯曲变形；如果成鸡缺乏维生素 D，则骨质疏松易折断，种鸡出现软壳蛋。

（1）调整饲料中维生素 D_3 含量，过量添加或含量缺乏都会对鸡群造成危害，一般维生素 D_3 3~5 克 / 吨饲料。

（2）饲料中维生素 A 含量和钙、磷比，都会对维生素 D 的吸收产生影响，需要科学配制饲料。

（3）发病鸡群，一次性饲喂 1.5 万国际单位维生素 D_3，效果较好。

（4）临床实践中，鸡群应经常饮用鱼肝油或饲料中添加维生素 AD 粉。

六、维生素 E 缺乏症

鸡维生素 E 与微量元素硒缺乏症，以骨骼发育不良，渗出性素质，白肌病和成禽繁殖障碍为特征。维生素 E 和硒是动物体内不可缺少的抗氧化物，协同作用。所以，一般维生素 E 缺乏症就是维生素 E– 硒缺乏症。本病多见于 20~50 日龄仔鸡，成鸡多见白肌病和繁殖障碍。

【病因】鸡群基本靠饲料供给维生素 E，所以，日粮供给量不足，饲料中含量不够、贮存时间过长、过度氧化，维生素 E 原料保管不当等，都可造成鸡群维生素 E 缺乏。

【临床症状与病变】

（1）渗出性素质：2~3 周龄雏鸡多发病，3~6 周龄鸡发病率高达 80%~90%，多呈急性经过。病雏鸡躯体低垂，胸腹部皮肤出现淡蓝色水肿样变化，可扩展至全身；排稀便或水样便，最后衰竭死亡。

剖检，皮下水肿，有淡黄色胶冻样渗出物或淡黄绿色纤维蛋白凝结物。

（2）白肌病：以 4 周龄雏鸡多发，表现为全身软弱无力，贫血，腿麻痹而卧地不起，羽毛松乱，翅下垂，衰竭而亡。

主要病变在心肌、胸肌、肝脏、胰脏及肌胃肌肉，其次为肾脏和脑。病变部肌肉变性、色淡，呈煮肉样，有灰黄色、黄白色的点状、条状、片状坏死等。

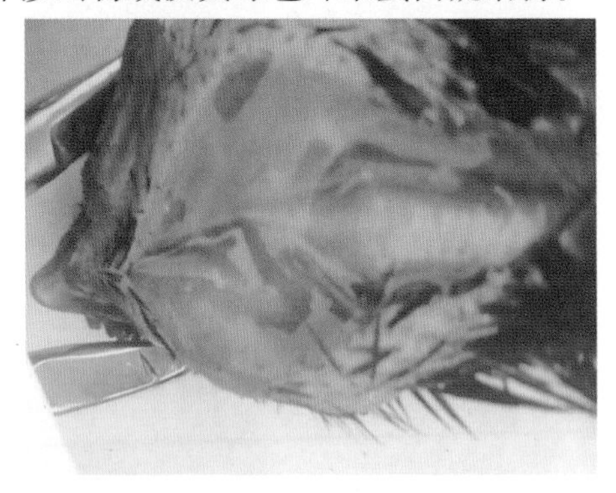

下颌部皮下有黄色纤维素渗出物

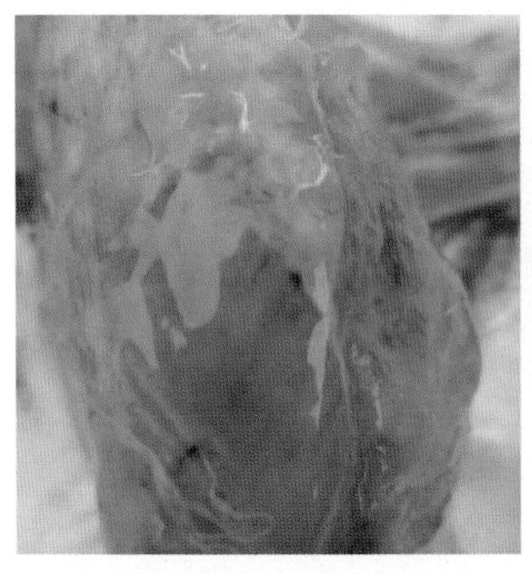

胸—腹部皮下有胶冻样渗出物

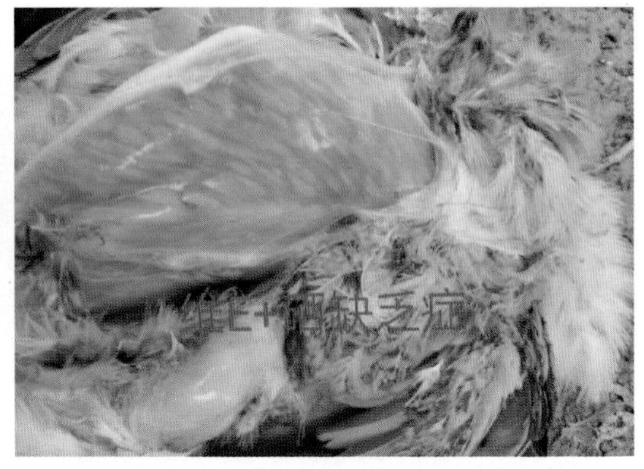

白肌病：胸肌重度黄白色条状变性

【诊断要点】皮下渗出性素质，肌肉黄白色变性。

【规范用药】

（1）科学配制饲料，每千克饲料中含有 0.1~0.2 毫克硒（通常以亚硒酸钠形式添加）和 20 毫克维生素 E，就不会发生缺乏症。饲料中添加抗氧化剂，防止饲料贮存时间过长或受到无机盐、不饱和脂肪酸所氧化及拮抗物质的破坏。

（2）脑软化、渗出性素质和白肌病常混发，若不及时治疗可造成急性死亡。通常每千克饲料中加维生素 E 200 国际单位，连用 2 周，可同时应用硒制剂。

①每只渗出性素质病鸡，肌注 0.1% 亚硒酸钙生理盐水 0.05 毫升，配合维生素 E 100 国际单位 / 千克饲料，胆盐可促进维生素 E 吸收，疗效良好。

②白肌病鸡，每千克饲料再加入亚硒酸钠 0.2 毫克、蛋氨酸 2~3 克，疗效良好。

③脑软化症鸡，可用维生素 E 油或胶囊治疗，每只鸡一次喂 250~350 国际单位。

（3）植物油中含有丰富的维生素 E，在饲料植物油占 0.5%。

七、痛风症

痛风病是肾脏损伤，尿酸盐无法正常排出，而导致的一种代谢性疾病。

【病因】肾脏功能受损，导致尿酸盐排出障碍。在排除传染性病外，主要有营养、药物、霉菌毒素等病因。

饲料中蛋白质含量过高时，就会大量分解为黄嘌呤，以尿酸盐形式从肾脏排出体外。如大量尿酸盐形成，超出鸡肾脏的排出能力，多余的尿酸盐就会沉积在内脏和关节中，形成“痛风”。

凡使肾功能受损的因素，都会形成尿酸盐沉积：如维 A 缺乏，饮水不足，各种药物中毒，霉菌及霉菌毒素中毒，H9 禽流感、肾型传染性支气管炎、传染性法氏囊病、雏鸡白痢等。

尿酸盐大量沉积于肾脏内外，所有浆膜覆盖的器官和组织（如腹膜、胸腹腔、心包、气囊、肝脏、肠系膜、关节囊、关节周围和其他间质组织）中都有沉积和附着，导致鸡群大批死亡。

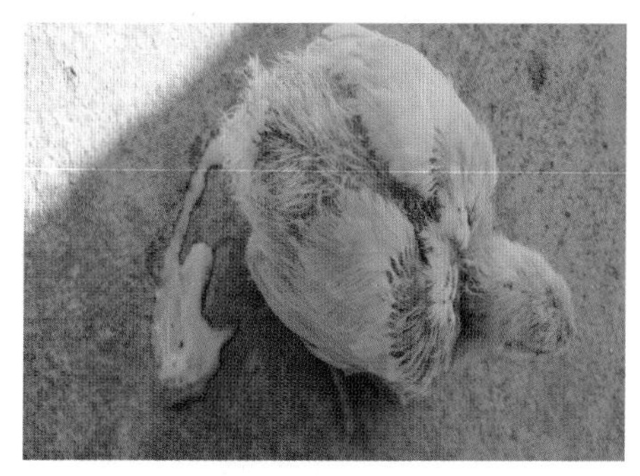

肉鸡白色下痢

【临床症状】病鸡精神沉郁，呼吸急迫；腿爪干瘪，无光泽；采食量下降，饮水量增加，排白色石灰渣样稀便；关节痛风时肿大，运动困难。每次清除鸡粪后，地面都会附着一层白色石灰状物。

【病理变化】血液循环越旺盛的组织、器官，痛风病变也越严重。心、肝肿大，尿酸盐沉积；肾脏呈花斑状，输尿管内有白色石灰状物充盈；心脏表面及心包附着一层石灰样物；浆膜层沉积尿酸盐；关节腔尿酸盐沉积。

肌肉干燥，严重脱水

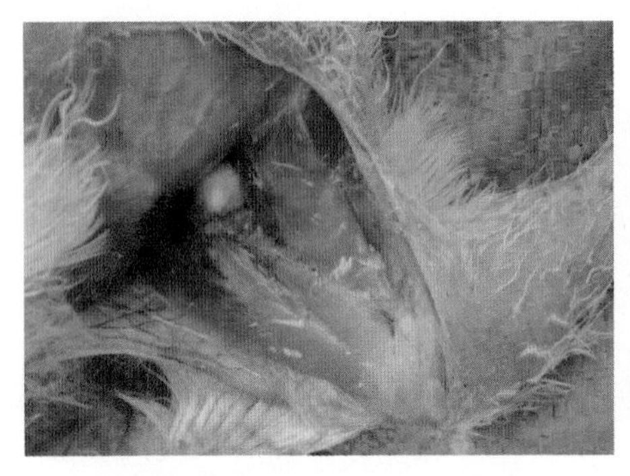

股内侧肌肉与肌间尿酸盐沉积

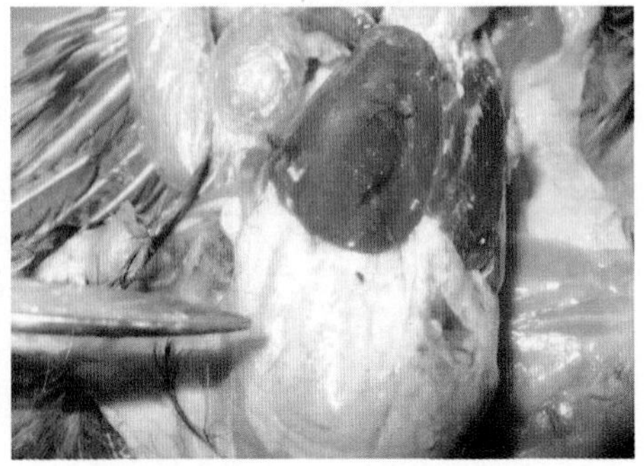

黄鸡腹膜、肝脏尿酸盐沉积

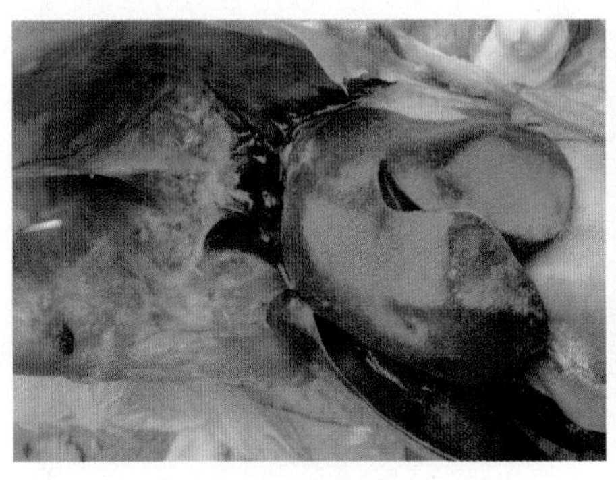

气囊尿酸盐沉积

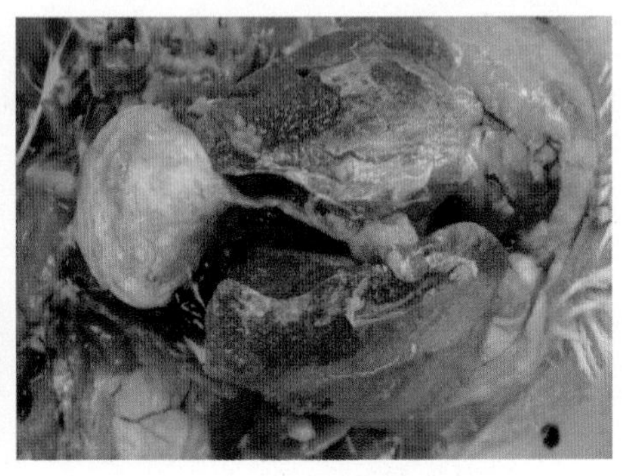

心包、肝脏、腹膜尿酸盐沉积

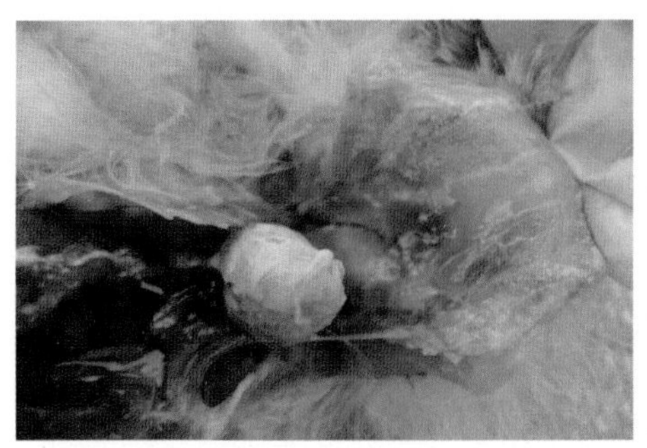

心包、胸骨内侧尿酸盐沉积

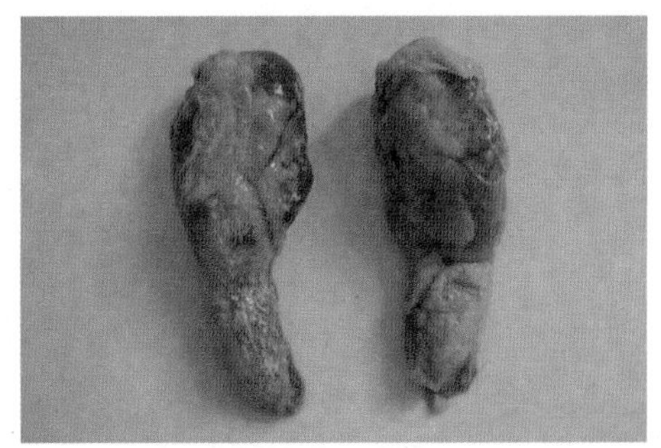

腺胃、肌胃表面尿酸盐沉积

肾脏尿酸盐沉积

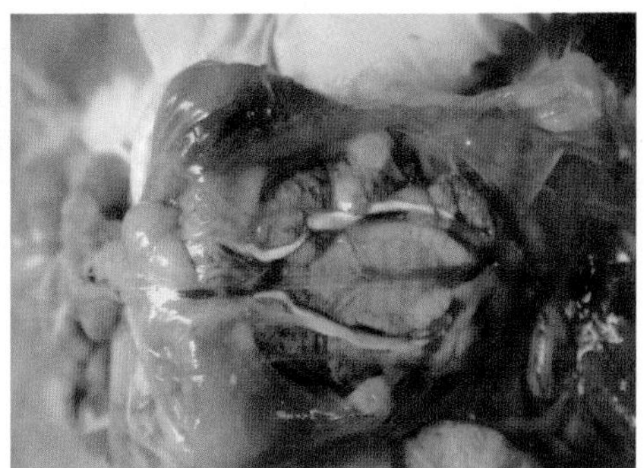

输尿管尿酸盐沉积

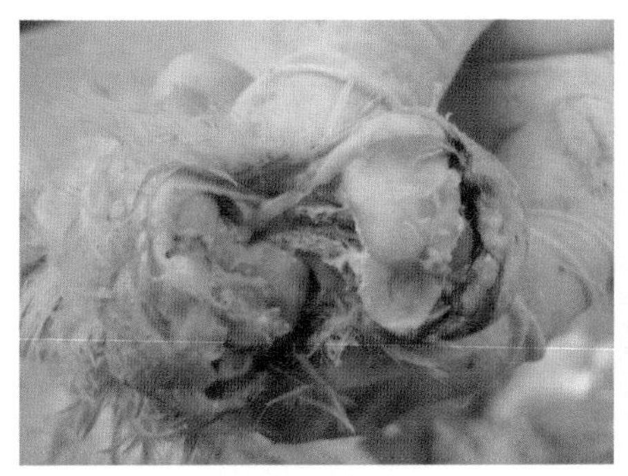

跗关节面尿酸盐沉积

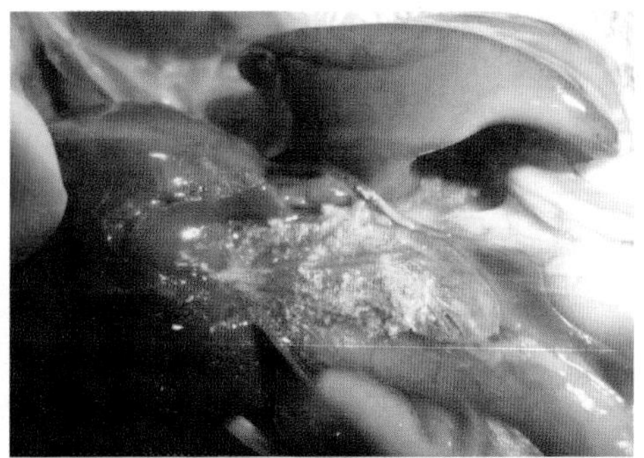

胆囊尿酸盐沉积

【诊断要点】

（1）临床特征：机体脱水，腿爪干瘪，排石灰渣、奶油样稀便。

（2）剖检变化：各脏器白色粉状尿酸盐沉积，肾脏病变明显。

【规范用药】

（1）发生痛风症后，要降低饲料中的蛋白质含量，以减轻肾脏负担，适当控制饲料钙、磷比。

（2）供给充足的饮水，停用、缓用各种抗生素，以利于尿酸盐的排出。

（3）继发感染时，制定治疗方案时一定要考虑到肾脏负担。

（4）尿酸在肝脏产生，是禽类氮代谢的终末产物，遇到肾脏功能紊乱，造成高尿酸血症，即痛风。对肉鸡应用优质保肝药物，至少每间隔 10 天饮水 3 天，有着良好的预防痛风症作用。

（5）选用葡萄糖、小苏打、离子成分药物以及中药制剂等调节肾脏，促进尿酸盐的代谢和排出，力争“消炎解肾肿、排盐少腹泻”。

（6）在肾脏肿、花斑肾、肾和输尿管尿酸盐沉积时，分析病因，进行针对性治疗，消炎解肾肿（如乌洛托品等）。

（7）化学药物、大分子药物、复方联合用药要少用。经典药方“五皮饮”效果好；0.3%~0.5% 小苏打全天饮水，临床效果十分明显。

八、腹水症

肉鸡腹水综合征是一种复杂的营养代谢症候群，以腹腔明显积水，肺淤血水肿和心脏扩张肥大为特征。近年来本病发生率呈上升趋势，为世界养禽业所关注。

【病因】

（1）肉鸡品种改良导致心肺功能不全。肉鸡品种经过不断的选育和改良，从原来的 50 天到现在 38 天 2.5 千克重，可谓是成绩显著。但在改良和选育过程中注重的是产肉率，忽略的是内脏发育。特别是肉鸡养殖后期生长速度快、采食量大，体内营养物质通过内脏（心、肝、肺）进行氧化还原反应，对内脏造成严重负担，形成心包积液、肺淤血、肝水肿，最终形成腹水症。

（2）环控问题：冬季温度低，为了保温而通风量不足，鸡只缺氧，长期造成心肺负担，引起腹水症。舍内氨气、二氧化碳浓度过高，引起缺氧和呼吸道疾病。

（3）霉菌毒素：饲料中霉菌毒素残留和料槽中饲料霉变，都会对肝脏造成不可逆的病变和损伤，引起肝腹水症。

（4）药物使用不规范：忽视药物的毒副作用而超量长期使用，造成肝肾的肿大损伤，引起功能紊乱、肝肾腹水症。

（5）疾病因素：大肠杆菌、支原体、腺病毒、流感、传染性支气管炎等，均能引起内脏病变，引起腹水症。

【临床症状】病鸡采食量减少，生长变慢，突然死亡。典型的症状是腹部膨大，腹部皮肤变薄发亮，用手触压有波动感。病鸡行动困难，腹部着地，呈企鹅状走动；呼吸困难，严重病例冠和肉髯呈紫红色，抓鸡时可突然死亡。

【病理变化】剖检，腹腔中积有300毫升以上的黄色腹水，混有纤维素块或絮状物；肝脏皱缩，体积变小，边缘钝圆，质地较韧，有一层白色纤维素膜包裹，有的病例可见肝脏表面凹凸不平；心包腔积有大量清亮液体，右心室肥大；肺淤血、水肿；脾、肾、胃、肠均淤血。

【诊断要点】呼吸困难，腹部膨大，腹腔积液，肺脏水肿。

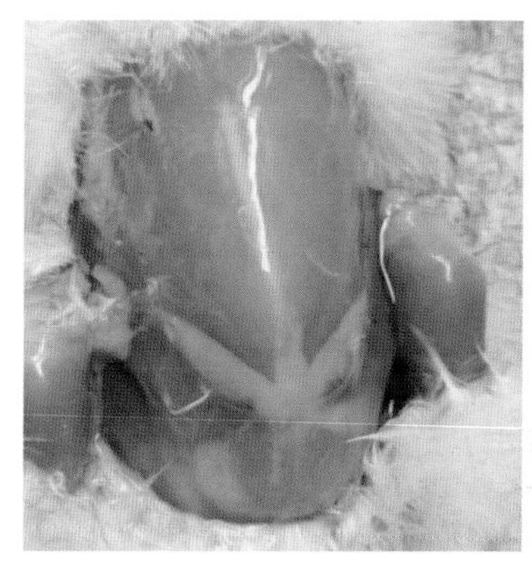

腹腔充满黄色液体

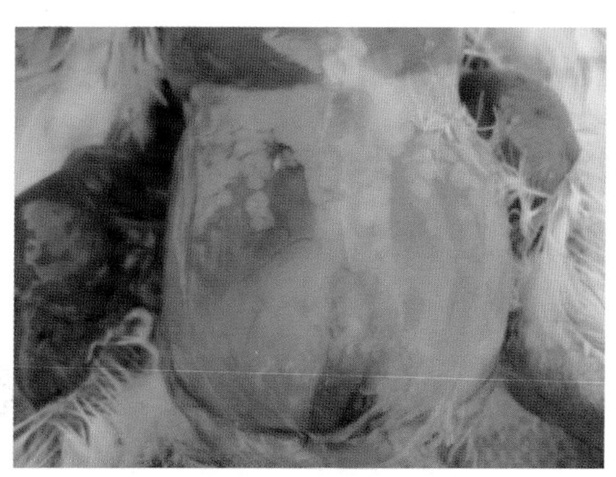

腹部胀满，有透明液体

腹腔有少量黄色纤维素物沉积

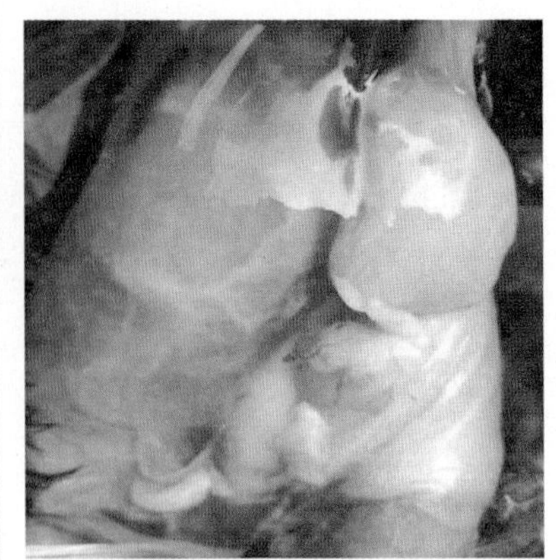
腹腔附着大量黄色纤维素

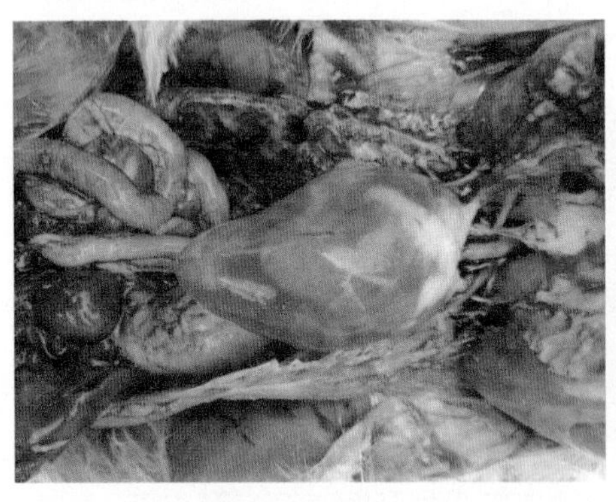
心包积液，液体透明

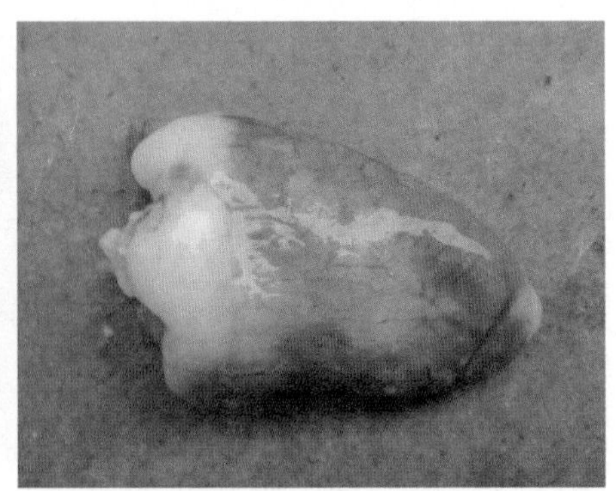
心肌泛白

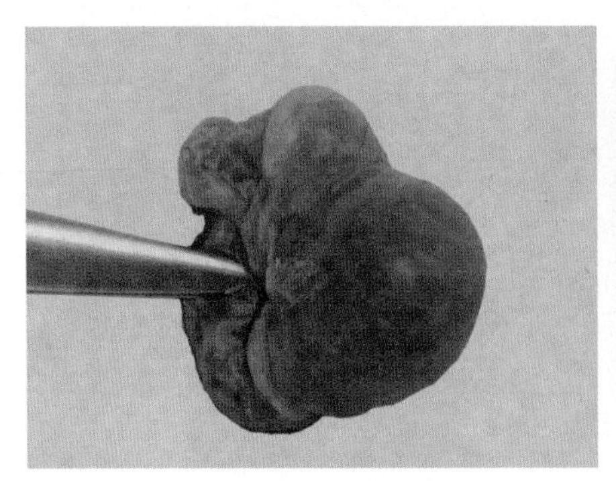
心室扩张，心尖钝圆

肺脏高度水肿

【防控措施】

（1）在肉鸡的饲养周期中，尽量减少各种应激。

（2）从鸡 7 日龄开始每天净槽一次，每 5 天清理料槽料渣一次，减少霉菌的产生，特别是高温高湿季节。

（3）合理控制光照，给鸡只休息的时间。7 日龄开始每天增加 1 小时，增加到 4 小时，28 天后逐步恢复全日制光照。控光不会影响肉鸡生长，还能减轻内脏负担。

（4）对于生长速度过快、体重超标的鸡群，在 25 日龄前可以通过控料减缓生长速度，后期利用鸡只的补偿生长，仍可达到理想的出栏指标。

（5）通风管理上，选择适合自己鸡舍的负压；计算好最小通风量，以此为基础，根据鸡群状况和舍内空气质量进行调整。

（6）合理用药，避免滥用药物。

（7）通过净槽、清槽、合理通风等方式，控制好舍内温、湿度，减少饲料霉变。

（8）及时淘汰腹水鸡只，分析查明病因，必要时添加维生素 C 500 毫克 / 千克。

九、热射病

热射病即热应激导致的中暑，突然高温且通风不良即可发病。在规模化、现代化养鸡场，多因供电事故、风机数量匹配不足、水帘使用不当等因素而发生热射病，导致大量死鸡甚或全群覆没。即便存活下来的鸡只也会导致严重的免疫抑制，并发或继发感染其他疾病；心、肺、肝功能受损，造成鸡生长缓慢，严重影响饲料转化率，使养殖效益直接受损。

【病因】

（1）鸡舍温度突然升高且持续时间较长，是发生中暑的主要原因。

（2）鸡舍简陋，条件较差，无温控通风设备。

（3）即便是在温控、通风条件较好的鸡舍，由于外界气温突然升高而未能及时采取降温措施，也会发生中暑。

（4）饲养密度过大、通风不良。

（5）通风不良，开启风机数量不足，特别是笼养鸡舍，会影响鸡只的体感温度而发病。

（6）水帘风机不匹配，夏季在使用水帘时，没有匹配足够数量的风机，导致前后温差较大，特别是风机端笼内温度偏高。

（7）炎热天气，笼养鸡只使用风机带动风速，不使用水帘压低目标温度。

（8）夏季傍晚过早地关闭水帘和减少风机数量，忽略了鸡舍内鸡只存留的热量和鸡舍墙体产生的辐射热。

（9）夏季傍晚和凌晨温差较大，容易产生露水，说明空气的湿度达到饱和状态。随意减少风机数量会造成舍内湿度加大，造成闷鸡。

（10）鸡舍内存在通风死角，造成闷鸡。

【临床特征】受到热应激的鸡只前期表现为张口呼吸，伸颈气喘，采食减少，喝水增加，后期痉挛倒地，昏迷休克，直至死亡。死亡鸡只多为心力衰竭，呈卧式，不易察觉。

【病理变化】死亡鸡只皮肤淤血，尸僵缓慢；肺脏淤血水肿；腺胃乳头水肿，有黏液、出血；因缺氧而致心室扩张、心包积液；肝脏肿胀、黑紫色，严重的热应激还会有出血点；法氏囊轻度炎性反应等。

温度过高，鸡群张口呼吸

鸡养殖密度过大，易导致热射病

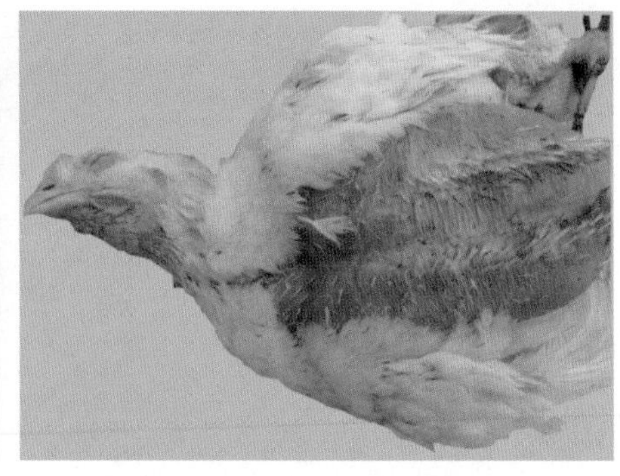

因电源故障舍温急骤升高，导致鸡中暑死亡，皮肤呈暗紫色

腺胃乳头水肿，有小点出血，似新城疫

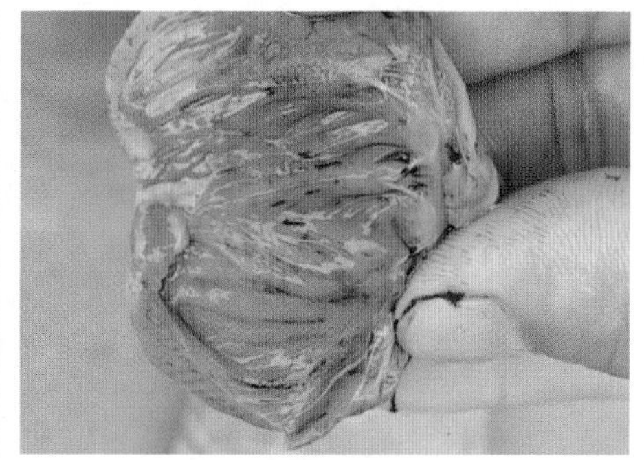

因热应激，致心肌内膜出血

肺脏高度水肿

因缺氧致心包积液，肝脏肿大、淤血

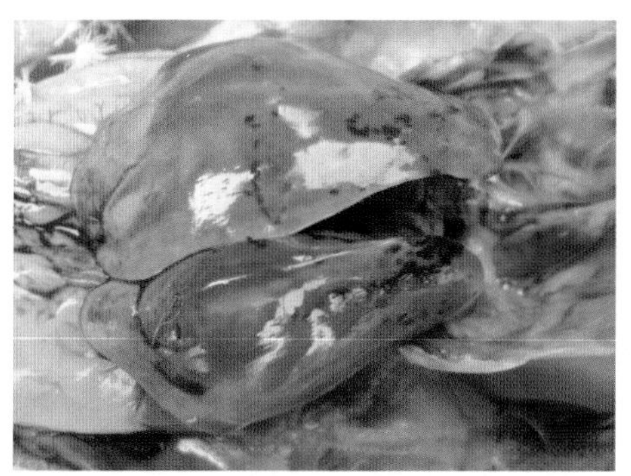

因热应激，肝脏出血

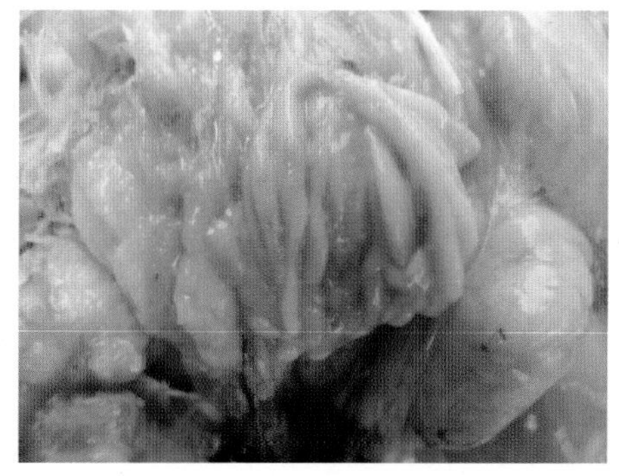

因热应激，法氏囊出现炎性反应

【诊断要点】根据高温和剖检变化，即可确诊。

【防控措施】

（1）严格执行饲养管理中的指标数据，保持温度的恒定。

（2）保持有效的通风量，控制好风机的使用数量。

（3）进行设备线路维修保养，空舍期间检修线路、发电机、风机，每周带负荷运行发电机 30 分钟。

（4）关注天气预报，高温来临前调试水帘水泵，检查水源的供给等。大风大雨来临时，保护线路、变压器、发电机等能正常使用。

（5）夏季适当降低饲养密度，笼养鸡小于 19 只 / 米 ^{2}。

（6）最大限度计算鸡舍风机数量和水帘面积（纵向通风不低于 3 米 / 秒），不足时人工增加。

（7）高温时关注鸡舍内的湿度（热应激指数）。

（8）笼养鸡以降低目标温度为主，风速为辅，二者需要相互结合。根据鸡不同日龄开启风机和水帘，最早在鸡 20 日龄时开启水帘。

（9）在闷热天气要开启水帘，降低目标温度，使用循环水的往水池里多加冰块，非循环水的加入深井水。

（10）夏季每天尽早增加通风量，不能等到温度上升以后再去开风机。

（11）在通风死角处加轴流风机，保证通风流畅。

（12）较长的鸡舍，在后 1/3 处加接力风机。

（13）在高温高湿天气经常巡舍，在风机水帘达到最大限度时仍出现死鸡，使用喷枪将鸡只打湿打透。

（14）有雾线的鸡舍，高温高湿天气尽量不要使用，以免加大舍内湿度。

（15）饮水中添加抗热应激药物，如碳酸氢钠、维生素 C 等。